Copula 界的理论研究及其在多元 VaR 界中的应用

王惠惠　李昊民　著

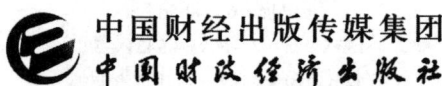

图书在版编目（CIP）数据

Copula 界的理论研究及其在多元 VaR 界中的应用/王惠惠，李昊民著 . —北京：中国财政经济出版社，2019.12

ISBN 978 - 7 - 5095 - 9431 - 5

Ⅰ. ①C… Ⅱ. ①王… ②李… Ⅲ. ①时间序列分析-应用-金融学-研究　Ⅳ. ①F830

中国版本图书馆 CIP 数据核字（2019）第 249901 号

责任编辑：张怡然　刘孺泾　　责任校对：徐艳丽
责任印刷：张　健

中国财政经济出版社 出版

URL：http://www.cfeac.com
E - mail：cfeac@cfemg.cn

（版权所有　翻印必究）

社址：北京市海淀区阜成路甲 28 号　邮政编码：100142
营销中心电话：010 - 88191522
天猫网店：中国财政经济出版社旗舰店
网址：http://zgczjjcbs.tmall.com
北京中兴印刷有限公司印装　各地新华书店经销
787×1092 毫米　16 开　14 印张　176 000 字
2019 年 12 月第 1 版　2019 年 12 月北京第 1 次印刷
定价：63.00 元
ISBN 978 - 7 - 5095 - 9431 - 5
（图书出现印装问题，本社负责调换）
本社质量投诉电话：010 - 88190744
打击盗版举报热线：010 - 88190414　QQ：447268889

序　言

本书主要研究相关性及其对 Copula 函数上下界的影响，并将 Copula 界应用于风险管理中——计算多元在险价值 VaR 的边界。

Copula 函数和相关性的研究一直都是紧密联系在一起的。Copula 函数出现以前的相关性度量，都可以用 Copula 函数重新定义。有的学者根据 Copula 函数在定义相关系数方面的规律提出了新的相关系数——距离相关系数。本书系统总结了各种相关性度量方法并进行了详细比较，通过举例方式阐述了四类关于相关性和 Copula 函数相互关系的认识误区。

Copula 函数增强了人们对相关性的认识，反过来，相关性信息也可以增强对 Copula 函数的认识。通常情况下，虽然我们不能确定两个随机变量所服从的联合分布，但是通过样本数据可以估计出一些有用的统计量，如相关性、二阶距等。如果已知相关性信息，Copula 界应该能得到进一步的收窄。Nelsen 在这方面做了许多开创性的工作，推导出了已知 Kendall 相关系数或 Spearman 相关系数情况下，Copula 函数的最优上下界。Rodriguez-Lallena（2004）研究了多元情况下，已知 Copula 函数某个分位数时 Copula 函数的界。Kass 研究了已知多个相关性信息情况下的 Copula 界。本书推导出已知 Gini 相关系数情况下的 Copula 界，填补了这一领域的一项空白。

另外，本书还对对角 Copula 函数集的界进行了深入研究。所谓对角 Copula 函数集是指具有相同对角部分的一类 Copula 函数。对角函数集的下界比较容易确定而且也是 Copula 函数，属于 Bertino Copula 函数族。对角函数集的上界则比较复杂，通常情况下上界是一个Quasi-Copula函数。对角部分是简单对角函数的条件下，上界是一个确定的Quasi-Copula函数。本书提出了判定一个Copula对角函数为简单对角函数的新方法，并通过具体例子说明其可操作性好于已有的判定方法。

Copula理论的蓬勃发展与其在金融风险管理中的成功运用有很大关系。我们尝试将Copula界和相关性信息应用风险管理工具VaR的计算中。

美国次贷泡沫的破裂，后来传染到全球，从金融危机、银行破产到今天的欧债危机，其仍在愈演愈烈。以在险价值VaR为框架的风险管理系统受到很大冲击。复杂的全球化的金融系统告诉我们追求精确注定要失败，用一个范围来界定风险在一定程度上是对不确定性的尊重。Embrechts、Kass等人在如何界定在险价值VaR的范围方面做了大量研究。本书将Copula界的研究成果引入VaR界的计算中，通过实证分析，对比不同的Copula界对VaR界的影响。结果表明，已知Spearman相关系数情况下的Copula界和正向限相依情况下的Copula界对VaR界的收敛作用最好，并通过历史回测验证VaR界在实践中推广的可行性。

全书分为7章，每章内容如下：

第1章主要阐述本书的研究背景和研究现状，详细介绍了关于Copula界的研究成果，对VaR风险管理系统的框架进行了简要评述，解释为什么要研究多元VaR界。

第2章对相关性的度量方法进行了全面的介绍，包括定性描述法、相关系数法和图示法等共16种度量方法，并对各种度量方法之间的强弱关系进行对比。Copula函数是比较分析各种相关性的有力工具，并且应用数值方法将变量离散化，对各种相关性度量进行了实证对比分析。

第3章简单介绍Copula函数的基本概念和几种常见的Copula类型，如椭圆族Copula、阿基米德Copula、经验Copula和极值Copula。重点介绍了Copula随机变量的模拟方法，为进一步了解相关Copula函数的相关性质提供工具。通过随机模拟Copula函数的散点图，绘制Chi-plot可以大致观察

Copula 相关性结构。最后针对原料奶价格波动建立 Copula 模型，显示 Copula 在实践应用的强大功能。

第 4 章对 Copula 界的研究成果进行总结归纳，介绍目前还没有解决的问题。在前人研究成果的基础上，利用 Gini 相关系数推导出一个新的 Copula 界。然后对相关性和 Copula 函数的关系进行分析说明，通过举例的方式纠正人们在相关性及 Copula 函数方面的错误认识。

第 5 章介绍尾部相关和 Copula 对角函数的关系，提出一个新方法判定 Copula 对角函数集上界是 quasi-Copula 函数，弥补了原有判定定理在应用方面的不足，并通过实例说明新判定方法的有效性。最后提出了次尾部相关的概念，并通过几类 Copula 函数族说明次尾部相关是尾部相关的一个很好的补充。

第 6 章首先介绍计算 VaR 的常规方法，然后分别阐述 Garch 模型如何用来处理异方差问题，极值理论如何拟合尾部分布，Copula 如何度量相关性（包括参数估计和有效性检验），最后将这些方法应用到 VaR 的计算中，并应用上证指数和深证成指的实例，详细说明 VaR 的计算过程。

第 7 章介绍了关于 VaR 界的基本原理和数值及计算方法，将 Copula 界引入 VaR 界的计算中。对比分析 Copula 界的适用范围，并通过实证分析说明 VaR 界在实际应用中的可行性。

目 录

第1章 绪论 ……………………………………………………… 1

    1.1 选题背景及研究意义 ……………………………………… 3
    1.2 研究现状 …………………………………………………… 6
    1.3 研究思路和结构安排 ……………………………………… 8
    1.4 研究内容与创新之处 ……………………………………… 10

第2章 相关性度量之间的比较 ………………………………… 11

    2.1 相关性概述 ………………………………………………… 13
    2.2 相关性度量方法 …………………………………………… 15
    2.3 相关性度量之间的比较 …………………………………… 35
    2.4 实证分析 …………………………………………………… 37
    2.5 本章小结 …………………………………………………… 47

第3章 Copula 函数简介 ………………………………………… 49

    3.1 Copula 函数和 Sklar 定理 ………………………………… 51
    3.2 常用的 Copula 函数 ……………………………………… 52
    3.3 二元 Copula 变量的随机模拟 …………………………… 56
    3.4 Chi-plot 形状与 Copula 结构之间的比较 ……………… 69

3.5 Copula 模型应用案例 …………………………………… 73
3.6 本章小结 …………………………………………………… 80

第 4 章 相关性信息对 Copula 界的收窄作用 …………………… 83

4.1 Frechet-Hoeffding 界 …………………………………… 85
4.2 已知 C(a, b) = theta 时的 Copula 界 …………………… 85
4.3 已知相关系数时的 Copula 界 …………………………… 86
4.4 已知多个相关信息时的 Copula 界 ……………………… 91
4.5 相关性和 Copula 函数在应用中的几个误区 …………… 94
4.6 本章小结 …………………………………………………… 102

第 5 章 Copula 对角函数及其界的研究 ………………………… 103

5.1 Copula 对角函数的意义及研究现状 …………………… 105
5.2 对角 Copula 函数集 ……………………………………… 106
5.3 对角 Copula 函数集的界 ………………………………… 110
5.4 简单 Copula 对角函数 …………………………………… 112
5.5 尾部相关系数 ……………………………………………… 117
5.6 本章小结 …………………………………………………… 120

第 6 章 应用极值理论和 Copula 模型估算 VaR ………………… 123

6.1 VaR 的基本概念 …………………………………………… 125
6.2 VaR 的计算方法 …………………………………………… 126
6.3 分布函数的估计 …………………………………………… 128
6.4 多元随机变量的 Monte Carlo 模拟 ……………………… 133
6.5 VaR 的实证研究 …………………………………………… 135
6.6 本章小结 …………………………………………………… 145

第 7 章　应用 Copula 界估算 VaR 的界 …………………………………… 147

7.1　VaR 界的研究现状 ……………………………………………………… 149
7.2　二元随机变量和的边界 ………………………………………………… 150
7.3　n 元随机变量和的边界 ………………………………………………… 151
7.4　数值方法求解随机变量和的边界 ……………………………………… 153
7.5　Copula 函数下界汇总 …………………………………………………… 154
7.6　二元 VaR 界的实证分析 ………………………………………………… 156
7.7　多元变量的 VaR 界 ……………………………………………………… 164
7.8　本章小结 ………………………………………………………………… 167

总结与展望 ……………………………………………………………………… 168

参考文献 ………………………………………………………………………… 170

附　录 …………………………………………………………………………… 183

附录 1　第 2 章各种相关系数的计算 ……………………………………… 185
附录 2　第 2 章相关性的定性描述 ………………………………………… 188
附录 3　第 2 章 Chi-plot 和 K-plot ………………………………………… 192
附录 4　第 3 章模拟生成 Copula 随机样本 ………………………………… 196
附录 5　第 6 章应用极值理论和 Copula 模型估算 VaR …………………… 201
附录 6　第 7 章已知 Kendall 相关系数计算 VaR 的界 ……………………… 208
附录 7　第 7 章多元风险正象限相依时的 VaR 界 ………………………… 211

第 1 章

绪　论

1.1 选题背景及研究意义

Copula 函数是一类将联合分布函数与其边缘分布联系在一起的函数，也有人称为"连接函数"。Copula 一词最早是在著名的 Sklar 定理中首次使用（Sklar，1959），并且奠定了 Copula 理论研究的基础。但是关于 Copula 函数的基础性研究工作可追溯到 20 世纪 40 年代，Hoeffding、Frechet、Dall'Aglio 等人做了大量相关研究。Copula 理论创立以后，更多的是在数学理论方面的研究，应用研究进展缓慢。直到 20 世纪末在金融风险管理中的成功运用，才引起了人们极大的重视，无论是在理论方面还是应用方面，关于 Copula 的研究如雨后春笋般蓬勃发展起来。

关于 Copula 的理论研究可以分为以下几方面（Nelsen，2003）：（1）Copula 函数的构建，根据不同的构建方法出现了很多 Copula 函数族，如逆函数法（Marshall，1967a，b）、几何方法（Mikusinski，1991、1992）、代数方法（Plackett，1965；Ali，1978）等，其中最重要的一类是阿基米德 Copula（Schweizer，1991）；（2）Copula 函数在相关性方面的研究，作为变量的联合分布本身就包含了相关性信息，在研究其他相关性度量方面起到了很好的推动作用；（3）多元 Copula 的研究（Schweizer and Skar，1983），很多关于 Copula 的理论都是建立在二元变量的基础上，将二元 Copula 的结论推广到多元情形也是一个重要的研究领域；（4）Copula 函数对样本数据的拟合，包括参数估计（Genest，1993）、拟合效果检验（Fermanian，2005；Genest，2009）等；（5）Copula 理论的应用，包括在金融风险管理（Cherubini etc，2004）、信用违约互换定价（Li、David X，1999）、期权定价（Knox，2006）、水文数据（Genest，2007）、机械零部件设计（唐家银等，2010）等领域，凡是用到联合分布函数的地方都会有Copula的身影。

在实际应用中，从一定程度上讲，Copula函数对联合概率分布函数具有替代作用。生产实践中可用的联合分布非常少，最常见的是多元正态分布。但是很多情况下，变量并不服从多元正态分布。Copula函数将联合分布分解成边缘分布和连接函数两部分，而且边缘分布的种类对Copula函数没有影响，这就使联合分布的广泛应用成为可能。如果随机变量间的分布规律特征比较明显，我们可以找到合适的Copula函数来拟合样本数据。通常情况下，人们对变量的分布规律认识有限，而可用的Copula函数非常丰富，到底选择哪一类Copula函数族确实是个难题。换一个思路，如果不能确定选择哪一类Copula函数族，但是能把Copula函数的界较好地勾勒出来，或许也能解决问题。

事实上，关于Copula函数界的应用研究已经引起一批学者的关注，把Copula函数的界应用在金融风险管理中可以有效地避免模型假设风险，比如推算在险价值VaR的范围，不依赖模型的组合期权定价（Tankov，2011）等。

在险价值的概念源于20世纪90年代一系列金融灾难事件，如美国橘郡（Orange Country）破产、英国巴林银行倒闭、德国金属公司（Metallgesellschaft）以及日本大和银行等的垮台等。惨痛的教训告诉人们，如果对金融风险监管不严、管理不善，将会给公司带来巨大的损失。迫于压力，金融机构和监管部门采取了相应的措施，推出了能够量化市场风险并通俗易懂的VaR概念。通俗的说，VaR表示有多大把握能把最大亏损的幅度控制在某一范围内。

如果以1994年JP摩根的风险管理系统Riskmetrics为标志，VaR的发展经历了十几年，理论研究应用技术日益成熟。Garch模型、蒙特卡洛模拟、极值理论以及Copula函数等先进的统计学方法都被成功地应用到VaR的估算中（乔瑞，2010）。VaR的应用范围逐渐从市场风险管理扩展到信用风险管理（Credit Risk）、操作风险管理（Op Risk）、流动性风险

（L VaR），到最后的全面风险管理（Alexander，2003；李建平，2010）。VaR 因为没有考虑超过最大损失以后的概率分布情况，风险管理者提出了压力测试的方法以及对预期损失的计算（Acerbi，2001）。VaR 风险管理系统这座大厦正在越盖越高，以 VaR 为基础的风险管理框架越来越完善。

但是 2007~2009 年美国次贷泡沫的破裂，后来传染到全球金融危机，银行破产，到今天的欧债危机仍愈演愈烈，以在险价值 VaR 为框架的风险管理系统受到很大冲击。巴菲特曾告诫金融家同行"警惕沉溺于公式的人"。VaR 的出现使风险管理变得简单，好像掌握了 VaR，就能知道整个公司所面临的全部风险。JP 摩根的前总裁 Dennis Weatherstone 要求其员工在每天下午 4 点 15 分提交一份一页纸的报告来反映公司在未来 24 小时内的最大可能损失，即他们 Risk Metrics 风险管理系统中的风险度量指标——VaR。这一度传为 VaR 风险管理中的佳话。但是精确标准化的风险管理并不能真正有效地管理风险。下面这段话是对 1998 年长期资本管理公司倒闭做的总结（Mllaby，2011）："在随后的 10 年中，有在险价值计算必须以压力测试为补充的要求，长期资本管理公司照做了；有金融机构关注流动风险的要求，长期资本管理公司也照做了。然而，长期资本管理公司还是失败了，不是因为它计算风险的方法过于简单，而是因为计算完全无误是非常困难的。为了测试你的投资组合，你必须想到所有可能发生的无法想象的冲击，要计算你的基金的在险价值和流动性风险，你必须估计不同头寸之间的相关性，并猜测在极端情况下相关性会如何变化。长期资本管理公司失败的真正教训不在于它衡量风险的方法过于简单，而是想要对风险准确衡量，这不可避免地要失败。"

对于复杂的经济金融系统，想要精确地度量风险几乎是不可能的事情。用一个区间范围来衡量风险状况在实际应用中会更现实一些，为此，学术界提出了 VaR 界的概念。

本书主要研究关于 Copula 函数界的问题，并通过实证分析阐释 Copula 函数界在估算在险价值 VaR 的边界中的作用。

1.2 研究现状

1.2.1 Copula 界的研究现状

关于 Copula 界的研究最早可追溯到 Hoeffding、Frechet 等人的研究工作，即著名的 Frechet-Hoeffding 不等式。沿着 Frechet-Hoeffding 不等式的思路，后来形成了两个研究方向，一是研究多元随机变量的函数的界（Makarov，1982；Frank，1987；Williamson，1990；Li，1996；Kass，2000；Cossette，2001；Embrechts，2003 等），二是研究多元随机变量联合分布的界。本节主要介绍后者的研究历史。对于二元 Copula 函数，因为 Frechet-Hoeffding 不等式的上界和下界都是 Copula 函数，所以不能再进一步收窄，即最优的（best-possible）。多元（n>3）Copula 函数的 Frechet 上界也是 Copula 函数，所以也是最优的，而 Frechet 下界则不是 Copula 函数。Sklar 于 1998 年证明了多元情况下的 Frechet 界也是最优的。

通常情况下，虽然我们不能确定两个随机变量服从的联合分布，但是通过样本数据可以估计出一些有用的统计量，如相关性、二阶距等。如果已知相关性信息，Copula 界应该能得到进一步的收窄。因为 Frechet 上界的相关性是最强的（Kendall 相关系数和 Spearman 相关系数都是 1），Frechet 下界的相关性是最弱的（Kendall 相关系数和 Spearman 相关系数都是 -1），只要两个变量的相关性处于 -1 和 1 之间而不是取最大值或最小值，那么 Copula 函数的 Frechet 界就有改进的可能。Copula 函数和相关性的研究一直都是如影相随，紧密联系在一起的。Copula 函数对研究相关性度量的性质及相互之间的对比起了较大的推动作用（Schweizer and Wolf，1981；Joe，1997；Frees，1998；Embrechts，1999、2001、2002；Nelsen，2002），反过来，相关性的理论研究也加深了 Copula 函数的研究进程，如尾部相关性的研究催生了对角 Copula 函数的研究热情（Fredricks，1997、2002；Durante，2006；Nelsen，2008）。有学者认为 Copula 本身就是研究相关性的好方法（韦艳华，2008）。

在已知 Copula 函数的某些信息情况下，Copula 界的研究取得了很大进展，Nelsen 在这方面做了许多开创性的工作。已知 Copula 函数在某点处的值时，Nelsen（1999）给出了 Copula 函数的最优上下界。Nelsen（2001）进一步研究了在已知 Kendall 相关系数或 Spearman 相关系数时，Copula 函数的最优上下界。后来又根据相关系数的不同取值，对 Copula 函数的最优上下界进行了对比研究（Nelsen，2004b）。Rodriguez-Lallena（2004）研究了多元情况下，已知 Copula 函数在某点处的值时，Copula 函数的界。Kass（2009）研究了已知相关系数并且假设 Copula 正象限相依时的 Copula 界，同时考察了已知多个相关系数对 Copula 界的影响情况。Mardani-Fard（2010）研究了已知多个点处的 Copula 值时的 Copula 界。

Nelsen（2004a）还对特殊的一类 Copula 函数——对角 Copula 函数集的界进行了深入研究。所谓对角 Copula 函数集是指具有相同对角部分的一类 Copula 函数。对角函数集的下界比较容易确定而且也是 Copula 函数，是具有相同对角部分的 Bertino Copula 函数（关于 Bertino Copula 函数族的讨论见 Fredricks 2002）。对角函数集上界的确定则比较复杂，通常情况下上界是一个 quasi-Copula 函数（Genest，1999），但是对角部分满足一定条件下，上界则是一个 Copula 函数。Nelsen（2008）通过引入一种称为"对角分割"（Diagonal splice）的运算（Durante，2005 介绍了这种运算），找出了具有代表意义的一类 Copula 函数集，其上界是 quasi-Copula 函数。另外，Ubeda-Flores（2001）在对角 Copula 函数集的界的研究中做了重要贡献。

1.2.2 VaR 界的研究现状

国外学者对多元 VaR 界的研究要从多元随机变量函数的上下界说起，

因为对多元随机变量函数的界求逆即可得到 VaR 界。Makarov，G. D. （1982）、Frank M. J.、Nelsen R. B. 和 Schweizer B. （1987）研究了二元随机变量和的上下界，Williamson R. C. 和 Downs T. （1990）进一步讨论了 L (X，Y) 的上下界，L 是加（+）、减（-）、乘（×）、除（÷）之中的任何一种运算，并给出了计算上下界的数值方法。Denuit M. 等人（1999）结合 Copula 研究了保险中多元相关风险和的边界，Kass R. 等（2000）及 Cossette H. 等（2001）研究了放宽约束下的多元相关风险和的边界问题。Embrechts P. （2003）对多元相关风险和的边界问题如何应用在 VaR 边界的计算做了详细阐述。Embrechts P. 等（2005）对多元风险的相关结构进行了深入研究，讨论了最坏情形下的 VaR。Kass 等（2009）深入研究了已知相关信息对 Copula 上下界的收窄作用，提出了将 Copula 边界的研究结果应用于 VaR 界计算的设想，但是并没有进行进一步的深入研究或实证分析。

对多元 VaR 上下界的估算，国内学者的研究还比较少，目前仅有史道济（2004）、王爱莉（2004）、尚英锋（2005a，b）对二元变量的 VaR 界做了介绍，并分别对美元/英镑和加元/英镑的 VaR 界、美元/英镑和欧元/英镑的 VaR 界做了实证研究。

1.3　研究思路和结构安排

全书共分 7 章，主题内容部分为第 2 章至第 7 章。首先从相关性分析入手，对相关性度量方法进行全面的总结和对比研究；然后研究相关性信息对 Copula 界的影响，同时对一类特殊 Copula 函数集的上下界进行了探讨，属于基础理论方面的证明推导；最后将 Copula 界的研究成果应用到风险管理中。

第 1 章主要阐述本书的研究背景和研究现状，详细介绍了关于 Copula 界的研究成果，对 VaR 风险管理系统的框架进行了简要评述，解释为什么要研究多元 VaR 界。

第 2 章对相关性的度量方法进行了全面的介绍，包括定性描述法、相关系数法和图示法等共 16 种度量方法，并对各种度量方法之间的强弱关系进行对比。Copula 函数是比较分析各种相关性的有力工具，并且应用数值方法将变量离散化，对各种相关性度量进行了实证对比分析。

第 3 章简单介绍 Copula 函数的基本概念和几种常见的 Copula 类型，如椭圆族 Copula、阿基米德 Copula、经验 Copula 和极值 Copula。重点介绍了 Copula 随机变量的模拟方法，为进一步了解相关 Copula 函数的相关性质提供工具。通过随机模拟 Copula 函数的散点图，绘制 Chi-plot 可以大致观察 Copula 相关性结构。最后针对原料奶价格波动建立 Copula 模型，显示 Copula 在实践应用的强大功能。

第 4 章对 Copula 界的研究成果进行总结归纳，介绍目前还没有解决的问题。在前人研究成果的基础上，利用 Gini 相关系数推导出一个新的 Copula 界。然后对相关性和 Copula 函数的关系进行分析说明，通过举例的方式纠正人们在相关性及 Copula 函数方面的错误认识。

第 5 章介绍尾部相关和 Copula 对角函数的关系，提出一个新方法判定 Copula 对角函数集上界是 quasi-Copula 函数，弥补了原有判定定理在应用方面的不足，并通过实例说明新判定方法的有效性。最后提出了次尾部相关的概念，并通过几类 Copula 函数族说明次尾部相关是尾部相关的一个很好的补充。

第 6 章首先介绍计算 VaR 的常规方法，然后分别阐述 Garch 模型如何用来处理异方差问题，极值理论如何拟合尾部分布，Copula 如何度量相关性（包括参数估计和有效性检验），最后将这些方法应用到 VaR 的计算中，并应用上证指数和深证成指的实例，详细说明 VaR 的计算过程。

第 7 章介绍了关于 VaR 界的基本原理和数值及计算方法，将 Copula 界引入 VaR 界的计算中。对比分析 Copula 界的适用范围，并通过实证分析说明 VaR 界在实际应用中的可行性。

1.4　研究内容与创新之处

本书系统归纳了相关性度量方法以及相关性信息对 Copula 界的收窄作用，并将相关性信息和 Copula 界应用于 VaR 界的计算中。基础理论研究和实证应用相结合是本书的一大特点，利用 Gini 相关系数推导出一个新的 Copula 界，提出了判定 Copula 对角函数集上界的新方法，通过大量的实证案例阐释研究结论在实践中的具体应用。创新点如下。

第一，全面总结了各种相关性度量方法，并对其进行分析比较，通过实证分析得出结论：线性相关系数、秩相关系数和分位数相关系数同时使用能对数据的相关性有一个更全面的认识，避免某些特殊点对整个数据集的影响。对图示法 Chi-plot 和 K-plot 的理论基础进行深入研究，提出 K-plot 的快速算法，避免了组合数过大给计算过程带来的麻烦。

第二，已知 Gini 相关系数时推导出一个新的 Copula 界，完善了相关性信息对 Copula 界的影响方面的理论研究。

第三，提出了判定一个 Copula 对角函数为简单对角函数的新方法，并通过具体例子说明其可操作性好于已有的判定方法。

第四，将 Copula 界的研究成果引入 VaR 界的计算中，通过实证分析，对比不同的 Copula 界对 VaR 界的影响。结果表明，已知 Spearman 相关系数情况下的 Copula 界和正象限相依情况下的 Copula 界对 VaR 界的收敛作用最好。并通过历史回测验证 VaR 界在实践中推广的可行性。

第 2 章

相关性度量之间的比较

2.1 相关性概述

相关性分析是统计数据研究中一项经久不衰的课题。通常人们观测到大量数据后，首先会考虑一个现象和另外一个现象有没有相互依赖关系，然后进一步研究其背后隐藏的内在规律。相关性是研究随机变量之间相互依赖关系的重要手段。比如，降雨量、农业科研投入和粮食产量之间的相关性，可以帮助人们认识科研投入的重要性；货币投放量、经济增长率和物价水平之间的相关性有助于决策者制定正确的宏观经济政策；研究股市价格和成交量的相关性可以帮助投资者判断市场的变化趋势等。尽管相关性分析是统计数据研究中的一项必做的功课，学术上关于相关性的度量方法也不下十几种，但是生产实践中绝大多数还是用线性相关系数来代替相关性分析。

一般来说，相关性是指变量 X 增大时变量 Y 也有增大（或减小）的趋势，若 X 增大时变量 Y 也有增大的趋势则称 X 和 Y 正相关；X 增大时 Y 有减少的趋势则称 X 和 Y 负相关。关于相关性的度量方法大体上可以分为三类：定性描述法、相关系数法、图示法。本书只研究两个变量之间的相关性，关于向量之间的相关性可参考文张尧庭（1978）的文章。

相关性的定性描述方法主要有象限相依（Quadrant dependence）、回归相依（Regression dependence，也称"随机单调性"）和似然比相依（Likelihood ratio dependence）等。Tukey（1958）讨论了回归相依的概念。Lehmann（1959）在《Testing statistical hypotheses》一书中讨论似然相依的相关性质。Lehmann（1966）提出了象限相依的概念，并与回归相依和似然比相依做了比较。Nelsen（2006）用 Copula 描述了象限相依，记随机变量 X 和

Y 的边缘分布分别为 F（x）、G（y），Copula 函数为 C（u，v），那么 C（u，v）> uv，则说明（X，Y）是正象限相依的。

相关系数法描述相关性是实践当中经常用的方法，主要有 Pearson 相关系数、Spearman 秩相关系数、Kendall 秩相关系数、Blomqvist 相关系数、Gini 相关系数和距离相关系数，以及分位数相关系数、尾部相关系数等。Pearson 相关系数度量的是变量之间的线性相关关系，在生产实践中广泛应用，一般的统计学教材中都有介绍（如盛骤等，2005）。另外，常用的两类相关系数是 Spearman ρ_s 和 Kendall τ，一般的非参数教材中都有介绍（吴喜之等，1996；王静龙等，2005），统计软件（如 Matlab）中也有现成的计算函数。Blomqvist（1950）以随机变量 X 和 Y 的中位数 $\tilde{x}$、$\tilde{y}$ 为参考点，若 X 和 Y 同时大于或小于其中位数，则意味着正相关，反之负相关，并讨论了 Blomqvist Beta 相关系数的统计性质。Gini 相关系数也是一种秩相关系数，衡量的是两个随机变量变化顺序的一致性与不一致性。Nelsen（2006）讨论了 Gini 相关系数的概念及 Copula 表示方法。Hoeffding（1948）、Kruskal（1958）和 Lehmann（1966）等文献给出了 Pearman 相关系数 r 和 Spearman 相关系数 ρ_s 的积分表示形式，这两个相关系数都对联合分布函数 C（u，v）和边缘分布的积 uv 之差进行积分，只是积分定义域不同。而边缘分布的积 uv 代表（X，Y）相互独立时的联合分布函数，从这个意义上讲，r 和 ρ_s 度量的都是联合分布函数与假设变量独立时的联合分布的距离。基于这种思想，Schweizer 和 Wolff（1981）定义了基于 L_1、L_2、L_∞ 测度的三个新的相关系数。Nelsen（2006）及韦艳华（2008）都对分位数相关系数和尾部相关系数进行了介绍。

散点图是观测数据点对相关性的基本方法，但是对于稍微复杂一些的数据则无能为力。Fisher 和 Switzer（1985，2001）详细描述了通过 Chi-Plot 图观测数据点对相关性的方法，设计了数据对（λ_i，χ_i），其中 χ_i 是一种相关性度量，λ_i 是数据点（x_i，y_i）与整个数据集中心的距离，则数据对（λ_i，χ_i）的散点图刻画了样本数据的相关模式。Genest

(2003) 将 Chi-Plot 图中的统计量进行改进，设计了新的数据对（$W_{i:n}$, $H_{(i)}$），其散点图也能够反映随机变量的相关特性，并据此给出了 K-plot 方法显示数据的相关性。Genest（2007）对 K-plot 及其他相关性度量的应用做了详细的说明。

从简单的定性描述——相关还是不相关，到定量描述——给出一个确定的数值表示相关程度，再到对相关结构的描述——Chi-plot 或 K-plot 及 Copula，关于相关性的度量林林总总有这么多种方法，但是具体应用中到底应该用哪种方法，鲜有文献进行详细说明。本章主要对相关性的度量方法进行比较分析，并通过实证来说明各种度量方法的特点及优缺点。

2.2 相关性度量方法

2.2.1 定性描述方法

象限相依：称随机变量 X 和 Y 是正象限相依的（Positively Quadrant Dependent，PQD），如果 $P(X \leqslant x, Y \leqslant y) > P(X \leqslant x) P(Y \leqslant y)$；类似地，如果 $P(X \leqslant x, Y \leqslant y) < P(X \leqslant x) P(Y \leqslant y)$ 称随机变量 X 和 Y 是负象限相依的（Negative Quadrant Dependent，NQD）。

尾部单调性（Tail monotonicity）：对于随机变量 X 和 Y，(1) 称 Y 是关于 X 左尾递减的 [Left tail decreasing，记为 LTD (Y|X)]，如果对于任意的 y，$P(Y \leqslant y | X \leqslant x)$ 是关于 x 的非增函数。(2) 称 Y 是关于 X 右尾递增的 [right tail increasing，记为 RTI (Y|X)]，如果对于任意的 y，$P(Y > y | X > x)$ 是关于 x 的非减函数。(3) 称 Y 是关于 X 左尾递增的 [Left tail increasing，记为 LTI (Y|X)]，如果对于任意的 y，$P(Y \leqslant y | X \leqslant x)$ 是

关于 x 的非减函数。(4) 称 Y 是关于 X 右尾递减的 [Right tail decreasing, 记为 RTD (Y|X)], 如果对于任意的 y, P (Y > y|X > x) 是关于 x 的非增函数。

其中 (1) 和 (2) 描述的是正相关关系, (3) 和 (4) 描述的是负相关关系。

随机单调性 (Stochastic monotonicity): 对于随机变量 X 和 Y, 如果对于任意的 y, P (Y > y|X = x) 是关于 x 的非减函数, 则称 Y 关于 X 是随机递增的 [Stochastically increasing, 记为 SI (Y|X)];

类似地, 如果对于任意的 y, P (Y > y|X = x) 是关于 x 的非增函数, 则称 Y 关于 X 是随机递减的 [Stochastically decreasing, 记为 SD (Y|X)]。

也有的文献中将 SI (Y|X) 和 SI (X|Y) 统称为正回归相依 (Positive regression dependence), 将 SD (Y|X) 和 SD (X|Y) 统称为负回归相依 (Negative regression dependence)。

局部单调性 (Corner set monotonicity): 对于随机变量 X 和 Y, 如果对于任意的 x, y, P (X≤x, Y≤y|X≤x', Y≤y') 是关于 x'和 y'的非增函数, 则称 X 和 Y 是左局部递减的 [Left corner set decreasing, 记为 LCSD (Y|X)];

如果对于任意的 x, y, P (X > x, Y > y|X > x', Y > y') 是关于 x'和 y'的非减函数, 则称 X 和 Y 是右局部递增的 [Right corner set increasing, 记为 RCSI (Y|X)]。

上面两个定义描述的是正相关关系, 类似的还可定义负相关关系的局部单调性, 左局部递增和右局部递减。

似然比相依: 对于连续的随机变量 X 和 Y, 其联合分布密度函数为 h (x,y), 对于任意的 x, y, x', y' ∈ R, 且 x≤x', y≤y', 如果 h (x, y) h (x', y') ≥ h (x', y) h (x, y'), 则称 X 和 Y 正似然比相依 (Positively likehood ratio dependent, 记为 PLR (X, Y))。

类似地, 可以定义负似然比相依。

2.2.2 相关系数法

线性相关系数：描述随机变量间线性相关关系的指标，其计算公式为：

$$r = \frac{E(XY) - E(X)E(Y)}{\sqrt{Var(X)Var(Y)}}$$

线性相关系数在均值方差分析框架下用起来非常方便，只要随机变量有一阶距和二阶距就可以计算。在一元线性回归模型中，相关系数的平方等于可决系数 R，所以可以用来说明因变量在多大程度上可以被自变量解释。在投资组合管理中，不同资产之间的相关系数越小说明组合的风险得到了较好的分散化，组合的风险就越小。

线性相关系数有一个缺点就是对非线性相关关系无能为力，进一步地讲，对随机变量进行单调变换后，线性相关系数没有保持不变性。而下面的几个秩相关系数则保持了单调变换不变性。

Kendall 相关系数：描绘了两个随机变量 X 和 Y 一致变化的概率与非一致变化的概率之差，写成公式为：

$$\tau_{X,Y} = P[(X_1 - X_2)(Y_1 - Y_2) > 0] - P[(X_1 - X_2)(Y_1 - Y_2) < 0]$$

对于一个样本集合 A = {(x_1, y_1)，(x_2, y_2)，…，(x_n, y_n)}，任取一对样本点 (x_i, y_i) 和 (x_j, y_j)，如果 $x_j > x_i$，$y_j > y_i$（或者 $x_j < x_i$，$y_j < y_i$），则称 (x_i, y_i) 和 (x_j, y_j) 是一致变化的，即随机变量 X 增大，Y 也增大，X 减小，Y 也减小。

如果 $x_j > x_i$，$y_j < y_i$（或者 $x_j < x_i$，$y_j > y_i$），则称 (x_i, y_i) 和 (x_j, y_j) 是非一致变化的。

对于样本集合 A 共有 $\binom{n}{2}$ 个不同的样本点对，假设一致变化的样本点对有 c 个，非一致变化的样本点对有 d 个，则样本集合 A 的 Kendall 相关系数为：

$$t = (c - d)/\binom{n}{2}$$

Spearman 相关系数：描绘的也是两个随机变量 X 和 Y 是否一致变化的概率，但在具体细节上有所不同。设 (X_1, Y_1)、(X_2, Y_2)、(X_3, Y_3) 为来自同一个总体的三个随机变量对，即 X_1、X_2、X_3 服从同一分布且相互独立，Y_1、Y_2、Y_3 服从同一分布且相互独立。Spearman 相关系数描述的是随机变量对 (X_1, Y_1) 和 (X_2, Y_3) 一致变化的概率与非一致变化的概率之差，写成公式即：

$$\rho_{X,Y} = 3\{P[(X_1 - X_2)(Y_1 - Y_3) > 0] - P[(X_1 - X_2)(Y_1 - Y_3) < 0]\}$$

当然公式中的变量对 (X_2, Y_3) 换成 (X_3, Y_2) 结果是等价的。对于样本集合 $A = \{(x_1, y_1), (x_2, y_2), \cdots, (x_n, y_n)\}$，Spearman 相关系数为样本的秩之间的 Pearson 线性相关系数，令 $X_{(i)}$ 表示 X_i 在按大小顺序排列的样本序列 $(X_{(i_1)}, X_{(i_2)}, \cdots, X_{(i_n)})$ 中的次序，$Y_{(i)}$ 表示 Y_i 在按大小顺序排列的样本序列 $(Y_{(i_1)}, Y_{(i_2)}, \cdots, Y_{(i_n)})$ 中的次序，样本的 Spearman 相关系数为：

$$\rho = \frac{\sum_{i=1}^{n}\left(x_{(i)} - \frac{n+1}{2}\right)\left(y_{(i)} - \frac{n+1}{2}\right)}{\sqrt{\sum_{i=1}^{n}\left(x_{(i)} - \frac{n+1}{2}\right)^2}\sqrt{\sum_{i=1}^{n}\left(y_{(i)} - \frac{n+1}{2}\right)^2}}$$

Blomqvist 相关系数：描述的是随机变量对 (X, Y) 和中位数 $(\tilde{X}, \tilde{Y})$ 之间一致变化与非一致变化的概率之差，写成公式为：

$$P[(X - \tilde{X})(Y - \tilde{Y}) > 0] - P[(X - \tilde{X})(Y - \tilde{Y}) < 0]$$

假设连续随机变量 X 和 Y 的联合分布是 H(x, y)，边缘分布分别是 F(x) 和 G(y)，对应的 Copula 函数是 C，那么 $F(\tilde{X}) = \frac{1}{2}$，$G(\tilde{Y}) = \frac{1}{2}$，

$$\beta = 2P[(X - \tilde{X})(Y - \tilde{Y}) > 0] - 1$$
$$= 2\{P[X < \tilde{X}, Y < \tilde{Y}] + P[X > \tilde{X}, Y > \tilde{Y}]\} - 1$$

$$= 2\{H(\tilde{X},\tilde{Y}) + [1 - F(\tilde{X}) - G(\tilde{Y}) + H(\tilde{X},\tilde{Y})]\} - 1$$
$$= 4H(\tilde{X},\tilde{Y}) - 1,$$

即，$\beta = 4H(\tilde{X}, \tilde{Y}) - 1 = 4C\left(\dfrac{1}{2}, \dfrac{1}{2}\right) - 1$。

Gini 相关系数：对于连续随机变量 X 和 Y，假设 p_i 和 q_i 分别表示 X 和 Y 在样本取值中的秩，则 Gini 相关系数 γ 的样本估计值为：

$$g = \dfrac{1}{\text{int}(n^2/2)}\left[\sum_{i=1}^{n}|p_i + q_i - n - 1| - \sum_{i=1}^{n}|p_i - q_i|\right]$$

其中，int($n^2/2$) 表示 $n^2/2$ 的整数部分。Gini 相关系数 γ 的 Copula 表示形式为：

$$\gamma_{X,Y} = \gamma_C = 4\left(\int_0^1 C(u, 1-u)\,du + \int_0^1 C(u,u)\,du\right) - 2$$

距离相关系数：假设连续随机变量 X 和 Y 的边缘分布分别是 $F(x)$ 和 $G(y)$，相应的 Copula 函数是 C，下面是三种常见的距离相关系数，度量的是 Copula 函数与独立 Copula 函数 Π 之间的距离。

$$\sigma_{X,Y} = 12\iint_{I^2} |C(u,v) - uv|\,dudv$$

$$\Phi_{X,Y} = \left(90\iint_{I^2}|C(u,v) - uv|^2\,dudv\right)^{1/2}$$

$$\Lambda_{X,Y} = 4\sup_{u,v\in I}|C(u,v) - uv|$$

分位数相关系数：对于随机变量 X 和 Y，边缘分布分别是 F 和 G，Copula 函数 C 是相应的连接函数。给定分位数 $u^* \in [0, 1]$，分位数相关系数（Quantile-dependent measure of dependence）是指 X 大于分位数 u^* 的条件下，Y 也大于 u^* 的概率，即：

$$\lambda(u^*) = P(U > u^* \mid V > u^*) = \dfrac{1 - 2u^* + C(u^*, u^*)}{1 - u^*}$$

尾部相关系数：分位数相关系数中的分位数足够大（即趋于 1），即上尾相关系数，用公式定义如下（如果极限存在的话）：

$$\lambda_U = \lim_{t\to 1^-} P(Y > G^{(-1)}(t) \mid X > F^{(-1)}(t))$$

类似的,下尾相关系数 λ_L 定义如下(如果极限存在的话):

$$\lambda_L = \lim_{t \to 0^+} P(Y \leqslant G^{(-1)}(t) \mid X \leqslant F^{(-1)}(t))$$

分位数相关系数和尾部相关系数的取值范围是 [0,1],在实际应用中应注意。

2.2.3　图示法——Chi-plot 和 K-plot

两个随机变量间的关系并不能通过一个简单的相关系数完全反映,为全面观察变量间的相依性,画散点图是观测数据点对相关性的基本方法。更细致的图形观测方法有 Chi-plot 和 K-plot。

Chi-plot 是由 Fisher, N. I. 和 Switzer, P. 于 1985 年首次提出,通过 χ 变换和 λ 变换构造数据对 (λ_i, χ_i) 来探测二元随机变量之间的相关性,λ_i 表示数据 (x_i, y_i) 与整个数据集中心的距离,χ_i 是描述 2×2 列联表数据相关程度的 φ 相关系数。由不同的分割点 (x_i, y_i) 和 (x_j, y_j) 产生的 χ_{ni} 和 χ_{nj} 具有正相关关系,当分割点接近数据集中心位置时,相关性最大,渐进等于:

$$\mathrm{corr}(\chi_{ni}, \chi_{nj}) = 1 - 2[\,|F(X_i) - F(X_j)| + |G(Y_i) - G(Y_j)|\,]$$

如果随机变量 X 和 Y 相互独立,则 $F(X_i)$、$F(X_j)$、$G(Y_i)$、$G(Y_j)$ 是四个相互独立的均匀分布随机变量,χ_{ni} 和 χ_{nj} 的渐进线性相关系数的期望值可以计算出,即:

$$\mathrm{corr}(\chi_{ni}, \chi_{nj}) = \frac{(\pi^2 - 8)^2}{16} \approx 0.22$$

如果随机变量 X 和 Y 相互独立,χ_i 的渐进标准差等于 $\frac{1}{\sqrt{n}}$,随机变量 X 和 Y 不独立时,χ_i 的渐进标准差等于:

$$\mathrm{VAR}(\chi_{ni}) = \frac{\sqrt{1 - \chi^2 + \vartheta \chi}}{\sqrt{n}}$$

其中,

$$\vartheta = \frac{4\left(\frac{1}{2} - F(X_i)\right)\left(\frac{1}{2} - G(Y_i)\right)}{\sqrt{F(X_i)[1 - f(X_i)]G(Y_i)[1 - G(Y_i)]}}$$

Fisher, N. I. 和 Switzer, P. （2001）对 Chi-plot 的丰富展示能力做了进一步论证。来自于两个分布的混合样本在 Chi-plot 中可能会聚集成两组从而呈现出肺叶形状。数据集中心挖掉一个"洞"的随机样本，在 Chi-plot 中表现为更为分散的点图。Spearman 秩相关系数为 0.01 的 Pearson type VII 随机样本在 Chi-plot 中呈现出很强的尾部相关性。来自实际真实数据的案例中，Chi-plot 也体现出其优势。汽车尾气中关于氮氧化物比率和乙烯醇比率的数据在散点图上表现为">"型，如果用 Spearman 秩相关系数（-0.14）检验很可能认为是没有很强的相关性，但是 Chi-plot 的点却分散在 4 个象限中，且大部分的 χ_i 绝对值都超过了 0.5。第二组真实数据是斯基纳河中大马哈鱼产卵群体和新生可捕捞鱼数量，从散点图和相关系数看，很容易误认为样本来自于一组 Spearman 秩相关系数为 0.55 的二元正态分布，但是 Chi-plot 却呈现出完全不同的形状，因此一个可能的解释是样本来自于两个总体。第三组数据来自地球化学中经常需要研究的样本，从数以万计的橄榄石石榴石颗粒中测定矿物质元素含量，用散点图和 Chi-plot 矩阵的形式探索不同矿物质之间可能的相关关系，特别地重点说明了 5 对有复杂相关关系的变量，包括肺叶形状、数据集中心样本缺失、尾部相关等。关于用 Chi-plot 探索岩石中矿物质元素相关关系的更详尽研究参考 Griffin W L （1999，2013）。

Abberger K. （2005）首先阐述尾部相关对计算在险价值 VaR 的重要性，当显著性水平大于 99% 时，服从二元 t 分布的随机变量的 VaR 值远远大于来自于二元正态分布的随机变量的 VaR 值。然后通过模拟线性相关系数均为 0.5 的二元正态随机数据和二元 t 分布随机数据，通过 Chi-plot 显示，对于二元正态随机样本，上尾部分和下尾部分是对称的，并且图形最右边的 χ_i 值都接近于 0。对于二元 t 分布随机样本，上尾部分和下尾部分也是对称的，但是图形最右边的 χ_i 值显著不等于 0。最后用 Chi-plot 研究德国股票收益率序列之间的相关性,分别给出了上尾和下尾均相关、上尾相关下尾不相关、下尾相关上尾不相关的案例。Bhattacharjee D (2005) 用 Chi-plot 检验回归模型残差序列的自相关性,指出在小样本条件下的局限性。Marchi VAA (2012) 通过公式推导验证了 χ_i 是描述 2×2 列联表数据相关程度的 φ 相关系数,并提出了具有解析式的渐进置信区间临界值 ACI,通过蒙特卡洛模拟正态分布、均匀分布、指数分布、Beta 分布的二元独立随机样本,验证和 Fisher, N. I. 和 Switzer, P. (2001) 给出的置信区间临界值差别不大,即对不同的置信区间可直接由公式计算得出,省去蒙特卡洛模拟时间。

K-plot 由 Genest, C. 和 Boies, J. C. 于 2003 年首次提出,综合借鉴 Q Qplot 和 Chi-plot 的原理,通过分割点 (x_i, y_i) 构造顺序统计量 $H_{(i)}$,记 $W = H(X, Y)$,是随机变量 X 和 Y 相互独立条件下的联合分布函数。如样本 (x_i, y_i) 是来自于两个独立的随机变量,则由样本构造的统计量 $H_{(i)}$ 应该和相互独立条件下的理论值 $W_{i:n}$ 大体相等,即 $(W_{i:n}, H_{(i)})$ 应该分布在 45°直线附近。如果 $(W_{i:n}, H_{(i)})$ 分布在 45°直线上方则说明随机变量是正相关的,如果分布在 45°直线下方则说明随机变量是负相关的。关于 $H_{(i)}$ 和 $W_{i:n}$ 的计算很容易推广到多元变量的情形。

Silvapulle 等 (2006, 2007) 应用 Chi-plot 和 K-plot 对泰国股票市场和亚洲其他 6 个股票市场 (即新加坡、马来西亚、韩国、印度尼西亚以及我国香港特别行政区、台湾地区) 在 1997 年亚洲金融危机前后的相关性变化做探测性研究,结果显示泰国股票市场与韩国、印度尼西亚、台湾股市的相关性在危机后发生了变化,与香港特别行政区、新加坡、马来西亚仅尾部相关性在危机后发生了变化。Luo W 等 (2011) 应用 Chi-plot 和 K-plot 研究 2002 年前后 A 股和其他股票市场的相关关系变化情况,2002 年前中国大陆不允许外国人投资 A 股市场,2002 引入 QFII 制度,逐步放开对外国投资者的限制。开放政策前,A 股和其他国家股票市场只有很弱的相依关系,完全没有尾部相关关系,开放政策后,除了韩国市场,都和 A 股具有显著的相依关系，分别可以用对称 Joe-Clayton、Clayton、rotated Gumbel Copula 建模，并且新加坡、泰国、澳大利亚，我国香港特别行政区、台湾地区和 A 股具有很强的下尾相关关系，即具有同时下跌风险。Gargouri-Ellouze E（2009）用 K-plot 研究突尼斯霍顿地区渗透系数 phi 指数和最大降雨强度（IMAX）之间具有正相关关系，并用于协助选择合适的 Copula 模型——Gumbel Copula，参数范围在 1.9 到 11.1 之间。Vexler A（2018）将 K-plot 和 ROC（Receiver Operating Characteristic）曲线联系到一起。ROC 曲线是判断分类模型好坏的一个标准，横坐标是正类被判断错的比率，纵坐标是正类被判断对的比率，调整阈值可以得到（0，0）到（1，1）之间的 ROC 曲线，ROC 曲线若在 45°直线上方偏离得越远说明分类器越是有效，K-plot 则是 45°直线上方偏离得越远说明正相关性越大。AUC（Area Under Curve）表示 ROC 曲线下方的面积，可以反映 ROC 曲线偏离 45°直线的程度。对应于 AUC，K-plot 中（$W_{i:n}$，$H_{(i)}$）曲线下方的面积称为 AUK（Area Under Kendall curve），也可反映两个随机变量间的相关程度。但是随机变量正相关和负相关时，（$W_{i:n}$，$H_{(i)}$）曲线和 45°直线之间面积并不是对称的，当随机变量完全正相关时，（$W_{i:n}$，$H_{(i)}$）是一条弧线，当随机变量完全负相关时，（$W_{i:n}$，$H_{(i)}$）则变成一条水平轴上的直线。为此，作者构造出多维向量：

$$D = (AUK_0, AUK_1, AUK_2, AUK_3)^T, 其中 AUK_i = -\int_0^1 K(t)\ln(t)dt$$

向量 D 与独立情况下的向量值 $\Delta = \left(\frac{1}{2}, \frac{1}{2}, \frac{1}{2}, \frac{1}{2}\right)^T$ 之间的距离是一个新的表示随机变量相关程度的指标，称为"多面板 K-plot"，公式如下：

$$I_{AUK} = \sqrt{\frac{8}{5}} \| D - \Delta \| = \sqrt{\frac{8}{5} \sum_{i=0}^{3} \left(AUK_i - \frac{1}{2}\right)^2}$$

国内学者王璐等（2008a）详细介绍了 Chi-plot 的作图原理和使用方法步骤，并对中国股市上证指数和深证成指的相关性做了实证分析，展示了图示法简单直观的特点及有效性。王璐等（2008b）应用 Chi-plot 图对上证综指和中信国债指数价格序列的相关性进行测度，发现股市和债市呈现负象限相关的特征，λ_i值在 -0.5 传导效应最强，从数据集中心位置向两边极值方向变化时，风险传导强度从大变小。文中研究对象为价格序列，而价格序列具有很强的一阶自相关性，是非平稳序列，所以其结论可能与实际经验会有一定差距。田菁（2008）通过 Chi-plot 对股票交易量和股票收益之间的相关性进行研究发现，股市繁荣初期，交易量和股票收益率呈现较为明显的上尾相关，即量价齐升，下尾相关性则不明显；随着流行性大量聚集，正反馈效应使投资者行为趋同，流动性风险过度集中，股票繁荣末期，交易量和股票收益率呈现较为明显的下尾相关。欧阳敏华（2012）详细介绍 Chi-plot 和 K-plot，通过二元正态 Copula 模拟比较了这两种图示方法与散点图的差异，并指出图示判别能为 Copula 函数选择等相依关系的定量分析提供依据。谢家泉等（2010）在格兰杰因果检验的基础上使用 Chi-plot 图对沪港台三地股市收益率的波动性进行分析，发现三地股市的波动性具有较强的正相关性，其中香港和台湾股市的波动性相关关系最强，台湾和沪市的波动性相关程度弱于香港和沪市。谢家泉等（2013）使用 Garch – DiagonalBEKK 模型计算创业板指数和主板指数之间的波动相关系数，然后应用 Chi-plot 研究了创业板指数和主板沪深 300 指数之间的波动性相关情况，上涨期的正相关性强于下跌期的相关性。谢家泉等（2017）用条件在险价值模型（CoVaR）分析沪、港、美股市的风险溢出效应，并通过 Chi-plot 图直观地展现出牛市期间上海市场对香港市场风险溢出效应明显，熊市期间的溢出效应则不明显。杨修猛等（2014）用 Chi-plot 图和 K-plot 图检验了国际油价和欧元汇率之间的相依关系，并用 t – Coplua 建立模型，Chi-plot 图显示两者之间具有较强的正相关关系，K-plot 图显示两者之间具有负相关关系，可能系作者笔误。简志宏等（2016）首次引入 Chi-plot 从空间维度分析人民币与东亚国家货币的联动效应，泰铢和马来西亚林吉特与人民币的联动效应最为紧密，从时变维度使用 BEKK 动态相关系数发现二次汇改后东亚各国货币与人民币的相关性有减弱趋势。

Chi-plot：Chi-plot 又称"χ-plot"，将 n 个样本对 (x_i, y_i) 转化为 (λ_i, χ_i) 以显示两个随机变量间更细致明晰的相关关系。假设 $(x_1, y_1), \cdots, (x_n, y_n)$ 是随机变量 (X, Y) 的样本，对于任意一个样本点 (x_i, y_i)，记：

$$H_i = \frac{1}{n-1} \sum_{j \neq i} I(x_j \leq x_i, y_j \leq y_i)$$

$$F_i = \frac{1}{n-1} \sum_{j \neq i} I(x_j \leq x_i)$$

$$G_i = \frac{1}{n-1} \sum_{j \neq i} I(y_j \leq y_i)$$

$$S_i = \text{sign}\left[\left(F_i - \frac{1}{2}\right)\left(G_i - \frac{1}{2}\right)\right]$$

然后计算：

$$\chi_i = \frac{H_i - F_i G_i}{\sqrt{F_i(1 - F_i) G_i(1 - G_i)}}$$

$$\lambda_i = 4 S_i \max\left[\left(F_i - \frac{1}{2}\right)^2, \left(G_i - \frac{1}{2}\right)^2\right]$$

数据对 (λ_i, χ_i) 的散点图称为"Chi-plot"，λ_i 表示数据 (x_i, y_i) 与整个数据集中心的距离，χ_i 是描述 2×2 列联表数据相关程度的 φ 相关系数，而 $(n-1)\chi_i^2$ 则是检验 2×2 列联表分类变量是否独立的卡方统计量，自由度为 1。

分割点 (x_i, y_i) 将二维平面分割成 2×2 列联表，x_i 将所有样本点分为两类，一类小于等于 x_i，一类大于 x_i，同样，y_i 将样本分为两类，见表 2-1。其中，$H_i = \frac{A_i}{n-1}$，$F_i = \frac{A_i + B_i}{n-1}$，$G_i = \frac{A_i + D_i}{n-1}$。在表中，$A_i$、$B_i$、$C_i$、$D_i$ 均为条件频数，当分类变量 Xi 和 Yi 相互独立时，频数间应该有下面关系：

$$\frac{A_i}{A_i + B_i} = \frac{D_i}{C_i + D_i}$$

化简后有：$A_i C_i = B_i D_i$。所以，差值 $A_i C_i - B_i D_i$ 的大小反映了两个变量之间相关程度的强弱，差值越小说明相关性越弱。

表 2 − 1　　　　　由分割点（x_i, y_i）形成的 2×2 列联表

因素 Y	因素 X		合计
	≤ X_i	> X_i	
≤ Y_i	A_i	D_i	$A_i + D_i$
> Y_i	B_i	C_i	$B_i + C_i$
合计	$A_i + B_i$	$C_i + D_i$	

注意到：

$$\frac{A_i + B_i + C_i + D_i}{n-1} = 1$$

先看 χ_i 值的分子：

$$H_i - F_i G_i = \frac{A_i}{n-1} - \frac{(A_i + B_i)}{n-1} \frac{(A_i + D_i)}{n-1}$$

化简后为：

$$H_i - F_i G_i = \frac{A_i C_i - B_i D_i}{(n-1)^2}$$

再看分母：$F_i(1-F_i)G_i(1-G_i)$

$$= \frac{(A_i + B_i)}{n-1}\left[1 - \frac{(A_i + B_i)}{n-1}\right]\frac{(A_i + D_i)}{n-1}\left[1 - \frac{(A_i + D_i)}{n-1}\right]$$

$$= \frac{(A_i + B_i)}{n-1} \frac{(C_i + D_i)}{n-1} \frac{(A_i + D_i)}{n-1} \frac{(B_i + C_i)}{n-1}$$

而 φ 相关系数的公式（贾俊平等，2007）为：

$$\varphi = \frac{A_i C_i - B_i D_i}{\sqrt{(A_i + B_i)(C_i + D_i)(A_i + D_i)(B_i + C_i)}}$$

故，χ_i 与描述 2×2 列联表数据相关程度的 φ 相关系数一致。

由 χ^2 分布临界值表，显著性水平 95%，自由度为 1，临界值为 3.84，即 $P((n-1)\chi_i^2 \leq 3.84) = 0.05$。显著性水平 99% 的临界值为 6.6，显著性水平 90% 的临界值为 2.7。为观察 χ_i 值的显著性水平，可在 Chi-plot 图中添加两条水平线：$\pm \frac{C_p}{\sqrt{n}}$，C_p 可取 χ^2 临界值的开方，即 1.64、1.96、

2.58,分别表示在 90%、95%、99% 的显著性水平下,χ_i 值是否拒绝零假设 [由分割点 (x_i, y_i) 划分的列联表相互独立]。

Fisher, N. I. 和 Switzer, P. (2001) 给出的 C_p 临界值分别是 1.54、1.78、2.18,分别表示在样本相互独立的情况下,有 90%、95%、99% 的 χ_i 值会落在 $\pm\dfrac{C_p}{\sqrt{n}}$ 区间内,对于其他显著性水平,可通过蒙特卡洛随机模拟得到。

实际上,对于相互独立的二维正态分布,样本量 n = 1000,每组模拟 100 次,随机模拟结果显示 C_p 的临界值取 χ^2 临界值的开方更准确,即当 C_p 取 1.64、1.96、2.58,分别有 90%、95%、99% 的 χ_i 值会落在 $\pm\dfrac{C_p}{\sqrt{n}}$ 区间内。

以显著性水平 95% 为例,用 matlab 函数 mvnrnd(mu, sigma, case)产生二维随机样本,样本量为 1000,两个变量的均值都是 0,相关系数为 0,方差都是 1。每组模拟 100 次,做 10 组蒙特卡洛随机模拟。对于两个临界值 1.78 和 1.96,分别观察 χ_i 值落入区间 [-1.78/sqrt(1000), 1.78/sqrt(1000)] 和 [-1.96/sqrt(1000), 1.96/sqrt(1000)] 内频率,见表 2-2。可以发现,对于临界值 1.96,约 95% 的 χ_i 值落入了区间内。对于每一次随机模拟,对 χ_i 值进行排序,其 95% 分位数变化比较大,其均值见表 2-2。

表 2-2 显著性水平 95% 条件下 χ_i 值落入临界值区间内的频率

序号	临界值 1.78	临界值 1.96	χ_i 值的 95% 分位数
1	0.9330	0.9556	1.8398
2	0.9175	0.9432	1.9063
3	0.9322	0.9551	1.8322
4	0.9141	0.9415	1.9152
5	0.9223	0.9485	1.9019
6	0.9221	0.9481	1.8888
7	0.9285	0.9530	1.8454
8	0.9276	0.9525	1.8671
9	0.9257	0.9500	1.8665
10	0.9212	0.9475	1.8986
均值	0.9244	0.9495	1.8762

因为边缘频数F_i和G_i是区间[0,1]上的均匀分布函数,所以如果随机变量X和Y相互独立,λ_i也应该是均匀分布的,因为带有符号,所以应该在[-1,1]上均匀分布。如果X和Y有相关性,则λ_i会表现出一定的聚集性。λ_i大于0意味着F_i和G_i位于中心位置(1/2,1/2)的同一侧,说明随机变量X和Y正相关,反之则负相关。另外,λ_i也可用以下公式替代:

$$\lambda_i = 4\left(F_i - \frac{1}{2}\right)\left(G_i - \frac{1}{2}\right) \text{ 或 } \lambda_i = 4\left(\left|F_i - \frac{1}{2}\right| - \left|G_i - \frac{1}{2}\right| - \frac{1}{2}\right)^2$$

对于数据集边缘上的样本点,χ_i趋于正态分布的假设不成立。在2×2列联独立性检验中,如果频数A_i、B_i、C_i、D_i小于5,则不能使用χ^2检验,应使用Fisher精确检验。类似地,Chi-plot中,需要剔除离数据集中心太远的点,Fisher、Switzer(1985)将$|\lambda_i| \geq 4\left(\frac{1}{n-1} - \frac{1}{2}\right)^2$的样本点剔除。

图2-1是线性相关系数为0的二维随机样本的散点图(左)和Chi-plot图(右),样本量为1000,其中χ_i大部分都落在$\pm\frac{C_p}{\sqrt{n}}$区间内。

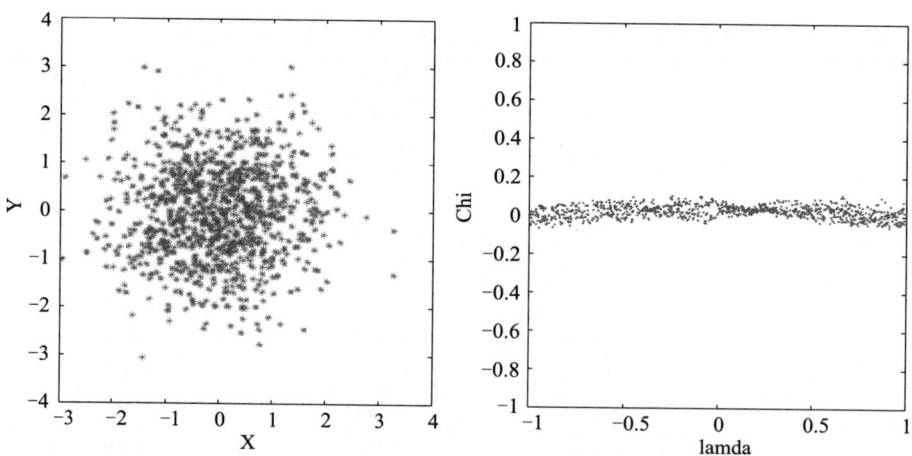

图2-1 相关系数r=0的二维正态随机变量样本

图 2 - 2 是线性相关系数为 0.5 的二维随机样本，χ_i 大部分都落在 $\pm \dfrac{C_p}{\sqrt{n}}$ 区间上方，显示随机样本的正相关性。右半部分的数据点明显多于左半部分，表明更多的随机样本点同时位于数据中心右侧或同时位于数据中心左侧，即正象限相依，也体现出随机样本的正相关性。在数据集的中心位置，即 λ_i 值为 0 附近，相关性度量 χ_i 值最高。如果将 χ_i 值做如下变换：

$$\tilde{\chi}_i = \sin\left(\dfrac{1}{2}\pi\,\chi_i\right)$$

则 λ_i 值为 0 附近，$\tilde{\chi}_i$ 将约等于线性相关系数 0.5。

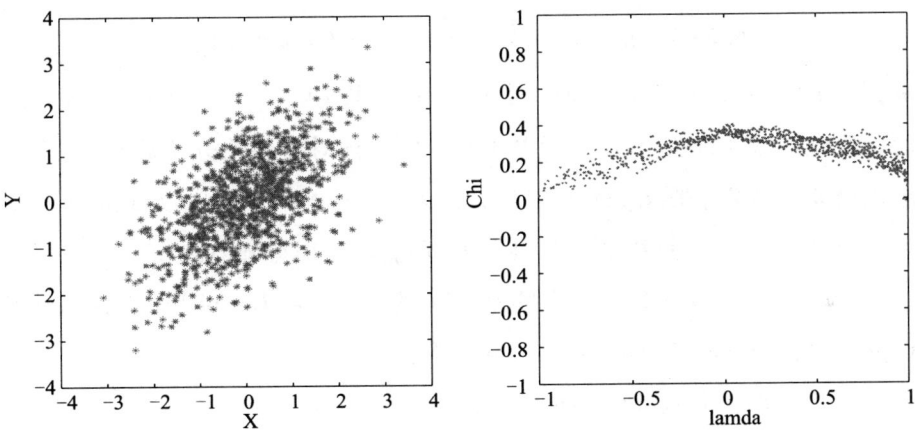

图 2 -2　相关系数 r = 0.5 的二维正态随机变量样本

图 2 - 3 是负相关的一组随机样本，线性相关系数为 - 0.8，χ_i 大部分都落在 $\pm \dfrac{C_p}{\sqrt{n}}$ 区间下方，且大部分数据点都分布在图形的左半部分。

K-plot：对于一组单变量随机样本（x_1, x_2, $\cdots$, x_n），为检验其是否来自正态分布（也可以是其他分布，这里以正态分布为例），可以通过 QQplot 来观察，全称是"Quantile-Quantile Plot"。首先将样本排序得到 $x_{(1)} \leqslant x_{(2)} \leqslant \cdots \leqslant x_{(n)}$，$x_{(i)}$ 为次序统计量，根据其排序得到经验分位点。定义 $P(x_{(i)}) = P(X \leqslant x_{(i)}) = (i - 0.5)/n$，$x_{(i)}$ 是样本的 $(i - 0.5)/n$ 分为

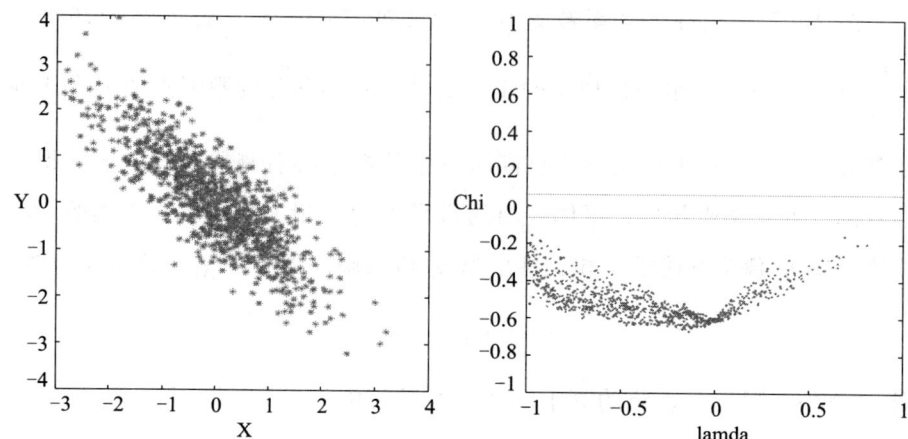

图 2-3　相关系数 r = -0.8 的二维正态随机变量样本

点。关于 P($x_{(i)}$) 算法有多种，也可定义为 P($x_{(i)}$) = i/(n+1) 等。然后，通过正态分布逆函数 ϕ^{-1}(P($x_{(i)}$)) 得到对应理论分位数 $Z_{(i)}$。实际上理论分位数 $Z_{(i)}$ 是 $x_{(i)}$ 的期望值，即 $Z_{(i)}$ = E($x_{(i)}$)。将数据点 ($Z_{(i)}$, $x_{(i)}$) 画成散点图，再添加一条斜率45°的直线，即得到 QQplot。

Genest 和 Boies (2003) 借鉴 QQplot 的思想，将 Chi-plot 改进，形成了 K-plot，全称 Kendall-plot。具体步骤如下：

(1) 对每一个 i, 1≤i≤n，计算：

$$H_i = \frac{1}{n-1} \sum_{j \neq i} I(x_j \leq x_i, y_j \leq y_i)$$

(2) 将 H_i 排序，得到 $H_{(1)} \leq \cdots \leq H_{(n)}$，$H_{(i)}$ 为顺序统计量；

(3) 计算 $W_{i:n} = n \binom{n-1}{i-1} \int_0^1 w(K_0(w))^{i-1}(1-K_0(w))^{n-i} dK_0(w)$, 1≤i≤n，画数据对 ($W_{i:n}$, $H_{(i)}$) 的散点图。其中，$W_{i:n}$ 表示在 X 和 Y 相互独立的假设条件下，从分布函数为 W = H(X, Y) = P(X≤x, Y≤y) 的总体中抽取 n 个随机样本，第 i 个顺序统计量 $H_{(i)}$ 的期望值；$K_0(w)$ = P(F(x)G(y)≤w) 是假设 X 和 Y 相互独立的条件下随机变量 W 的分布函数，F(x) 和 G(y) 分别是 X 和 Y 的边缘分布。

H（X, Y）为 X 和 Y 的联合分布函数，定义 W = H（X, Y）= P（X ≤ x, Y ≤ y）。对于随机样本（x_i, y_i），顺序统计量 $H_{(i)}$ 的密度函数为 $k_{(i)}(w)$，即：

$$k_{(i)}(w) = \frac{n!}{(i-1)!(n-i)!}[K(w)]^{i-1}[1-K(w)]^{n-i}k(w)$$

分布函数 K（w）= P（W ≤ w）= P（H（X, Y）≤ w）。

$H_{(i)}$ 的期望值为 $E(H_{(i)}) = \int_0^1 w\, k_{(i)}(w)dw$，即：

$$W_{i:n} = E(H_{(i)}) = n\binom{n-1}{i-1}\int_0^1 w[K(w)]^{i-1}[1-K(w)]^{n-i}dK(w)$$

K_n 是伪观察值（Pseudo-observations）H_i 的经验分布函数，1 ≤ i ≤ n，当 n→∞ 时，K_n→K。如果 X 和 Y 相互独立，K = K_0，则有：

$$K(w) = K_0(w) = P[F(x)G(y) \leq w] = P(UV \leq w) = P\left(U \leq \frac{w}{V}\right)$$

$$= \int_0^w 1\,dv + \int_w^1 \frac{w}{v}dv = w - w\ln(w)$$

所以，对应于任一 $H_{(i)}$，

$$W_{i:n} = -n\binom{n-1}{i-1}\int_0^1 w(w - w\ln(w))^{i-1}(1 - w + w\ln(w))^{n-i}\ln(w)d$$

在实际计算过程中，对不同的 i，用数值积分法求上述积分。但是对于样本 n 比较大的情况，比如大于 1000，计算过程非常耗时。处理器为 IntelCore（TM）i5—7200，内存 8.00G，应用 matlab（R2016a），n = 1000，用数值积分函数 integral（fun，xmin，xmax）计算上述积分，耗时 17.454537 秒。

事实上，需要借鉴 QQplot 的思想，完全可以采用分位数求逆的方式来计算 $W_{i:n}$。顺序统计量 $H_{(i)}$ 是概率 p 的经验分位点，p = (i - 0.5)/n，那么，对应于任一的 $H_{(i)}$，有：$W_{i:n} = K_0^{-1}(p)$。$K_0^{-1}(p)$ 是 $K_0(w)$ 的反函数，其表达式为：

$$K_0^{-1}(p) = e^{1+W_{-1}\left(\frac{-p}{e}\right)}$$

求解过程如下：

$$w - w\ln(w) = p$$

方程左边变形整理为：

$$w - w\ln(w) = w[\ln(e) - \ln(w)] = w\ln\left(\frac{e}{w}\right) = -w\ln\left(\frac{w}{e}\right)$$

令：

$$\frac{w}{e} = e^y$$

则方程左边变为：

$$-ee^y\ln(e^y) = -eye^y$$

原方程变为：

$$ye^y = \frac{-p}{e}$$

因为 $\frac{-p}{e} \leqslant \frac{-1}{e}$，所以，

$$y = W_{-1}\left(\frac{-p}{e}\right)$$

最后得到：

$$w = e^{1+W_{-1}\left(\frac{-p}{e}\right)}$$

其中，$W_{-1}(f)$ 是朗伯函数 lambertW，即 $f(x) = x\,e^x$ 的反函数，是一个多值函数，有无穷个分支，通常把它的分支记为 $W_k(f)$，其中 $k = 0$，± 1，± 2，……，每一个分支都是单值函数，可参考（龙敏、周铁军 2011）。在实数范围内，有两支：$W_0(f)$ 和 $W_{-1}(f)$，$W_0(f)$ 称为 lambertW 函数的主支。当 $f \in (-\infty, e^{-1})$ 是，$W_{-1}(f) < -1$。注意此处的 W_0、W_{-1} 和上文的分布函数无关。Matlab 中有专门的函数 lambertW(-1, f) = $W_{-1}(f)$ 可以用于实际计算。

另外，$H(X, Y)$ 的分布函数 $K(w)$ 与 Kendall 相关系数有如下关系：

$$\tau_{X,Y} = 4E(H(X,Y)) - 1 = 4P(H(X,Y) \leq w) - 1$$
$$= 4\int_0^1 w dK(w) - 1$$
$$= 4\left(wK(w)\Big|_0^1 - \int_0^1 K(w)dw\right) - 1$$
$$= 3 - \int_0^1 K(w)dw$$

对于随机样本 (x_i, y_i),τ_n 的估计值为 $4\widehat{H}(X,Y)-1$,其中 $\widehat{H}(X,Y)$
$=\dfrac{H_1+H_2+\cdots+H_n}{n}$

图 2-4 是线性相关系数为 0 的二维随机样本的散点图(左)和 K-plot 图(右),样本量为 1000。样本点 $(W_{i:n}, H_{(i)})$ 大部分落在 45°直线附近。

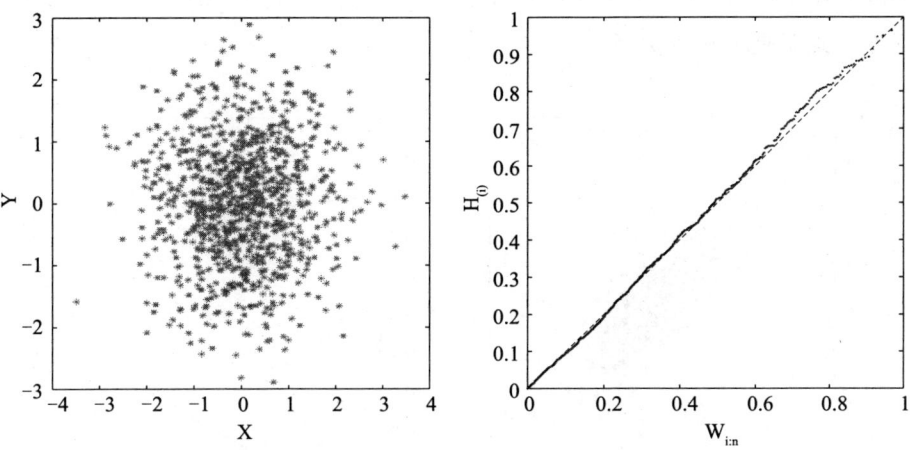

图 2-4 相关系数 r=0 的二维正态随机变量样本

图 2-5 是线性相关系数为 0.5 的二维随机样本的散点图(左)和 K-plot 图(右),样本量为 1000。样本点 $(W_{i:n}, H_{(i)})$ 全部落在 45°直线上方,离 45°直线越远,相关性越强。

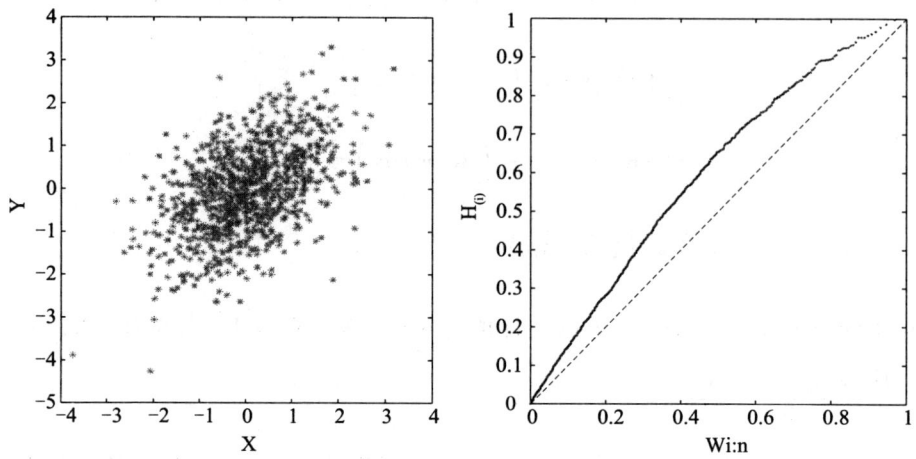

图 2-5 相关系数 r = 0.5 的二维正态随机变量样本

图 2-6 是线性相关系数为 -0.8 的二维随机样本的散点图（左）和 K-plot 图（右），样本量为 1000。样本点（$W_{i:n}$, $H_{(i)}$）全部落在 45°直线下方，说明是负相关关系。

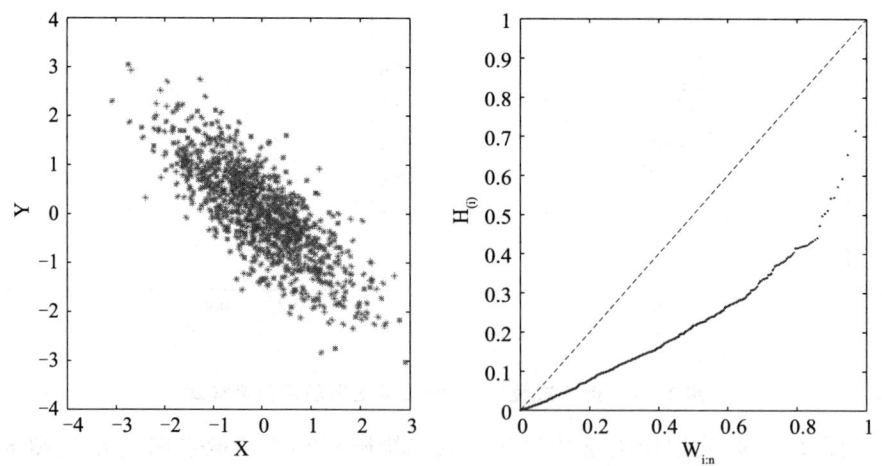

图 2-6 相关系数 r = -0.8 的二维正态随机变量样本

2.3 相关性度量之间的比较

2.3.1 定性描述方法之间的比较

如果 Y 关于 X（或 X 关于 Y）左尾递减或右尾递增，那么 Y 和 X 一定正象限相依，反之不成立。如果 Y 关于 X（或 X 关于 Y）左尾递增或右尾递减，那么 Y 和 X 一定负象限相依，反之不成立。

如果 X 和 Y 是正象限相依的，那么 $3\tau_{X,Y} \geq \rho_{X,Y} \geq 0$，$\gamma_{X,Y} \geq 0$，$\beta_{X,Y} \geq 0$。

如果随机变量 X 和 Y 是连续的，且 Y 关于 X（或 X 关于 Y）左尾递减或右尾递增，那么 $\rho_{X,Y} \geq \tau_{X,Y} \geq 0$。

如果随机变量 X 和 Y 是连续的，且 Y 关于 X 随机递增，那么 Y 关于 X 左尾递减且右尾递增；如果 X 关于 Y 随机递增，那么 X 关于 Y 左尾递减且右尾递增。

如果连续随机变量 X 和 Y 是左局部递减的，那么 Y 关于 X 左尾递减且 X 关于 Y 左尾递减；X 和 Y 是右局部递增的，那么 Y 关于 X 右尾递增且 X 关于 Y 右尾递增。

用符号表示上面的关系为：

$$\begin{array}{ccc} SI(Y|X) \Rightarrow RTI(Y|X) \Leftarrow RCSI(X,Y) \\ \Downarrow \quad\quad \Downarrow \quad\quad \Downarrow \\ LTD(Y|X) \Rightarrow PQD(X,Y) \Leftarrow RTI(X|Y) \\ \Uparrow \quad\quad \Uparrow \quad\quad \Uparrow \\ LCSD(X,Y) \Rightarrow LTD(X|Y) \Leftarrow SI(X|Y) \end{array}$$

假设随机变量 X 和 Y 的联合分布是绝对连续的，如果 X 和 Y 是正似然比相依的，那么 Y 关于 X 随机递增，X 关于 Y 也随机递增，且 X 和 Y

左局部递减，X 和 Y 也右局部递增。

综上所述，象限相依是最弱的，似然比相依是最强的。

2.3.2 相关系数之间的比较

假设连续随机变量 X 和 Y 的边缘分布分别是 u = F（x）和 v = G（y），连接 u 和 v 的 Copula 函数是 C。各相关系数用 Copula 函数表示如下：

线性相关系数：$r_{X,Y} = \dfrac{1}{\sqrt{\mathrm{Var}(X)}\sqrt{\mathrm{Var}(Y)}} \int_0^1 \int_0^1 [C(u,v) - uv] \mathrm{d}F^{-1}(u) \mathrm{d}G^{-1}(v)$

Kendall 相关系数：$\tau_{X,Y} = 4 \int_0^1 \int_0^1 C(u,v) \mathrm{d}C(u,v) - 1$

Spearman 相关系数：$\rho_{X,Y} = 12 \int_0^1 \int_0^1 [C(u,v) - uv] \mathrm{d}u \mathrm{d}v$

Blomqvist 相关系数：$\beta = 4C\left(\dfrac{1}{2}, \dfrac{1}{2}\right) - 1$

Gini 相关系数：$\gamma_{X,Y} = 4\left[\int_0^1 C(u, 1-u) \mathrm{d}u + \int_0^1 C(u,u) \mathrm{d}u\right] - 2$

距离相关系数：$\sigma_{X,Y} = 12 \iint_{I^2} |C(u,v) - uv| \mathrm{d}u \mathrm{d}v$

$$\Phi_{X,Y} = \left[90 \iint_{I^2} |C(u,v) - uv|^2 \mathrm{d}u \mathrm{d}v\right]^{1/2}$$

$$\Lambda_{X,Y} = 4 \sup_{u,v \in I} |C(u,v) - uv|$$

分位数相关系数：$\lambda(u^*) = \dfrac{1 - 2u^* + C(u^*, u^*)}{1 - u^*}$

Kendall 相关系数和 Spearman 相关系数有如下关系：

(1) $-1 \leq 3\tau - 2\rho \leq 1$;

(2) $\tau \geq 0$ 时，$\dfrac{3\tau - 1}{2} \leq \rho \leq \dfrac{1 + 2\tau - \tau^2}{2}$，

$\tau \leq 0$ 时，$\dfrac{\tau^2 + 2\tau - 1}{2} \leq \rho \leq \dfrac{3\tau + 1}{2}$;

(3) $\dfrac{1+\rho}{2} \geqslant \left(\dfrac{1+\tau}{2}\right)^2$，且 $\dfrac{1-\rho}{2} \geqslant \left(\dfrac{1-\tau}{2}\right)^2$。

由 Spearman 相关系数的 Copula 表达形式，可以解释为平均象限相依程度的度量。Kendall 相关系数可以表示为：

$$\tau_{X,Y} = \int_{-\infty}^{\infty}\int_{-\infty}^{\infty}\int_{-\infty}^{y'}\int_{-\infty}^{x'}[h(x,y)h(x',y')-h(x,y')h(x',y)]dxdydx'dy'$$

因此，某种意义上 Kendall 相关系数是平均似然比相依程度的度量。所以，Kendall 相关系数表达的相关性要强于 Spearman 相关系数。

另外，在象限相依的情况下，Spearman 相关系数和距离相关系数 $\sigma_{X,Y}$ 的绝对值是相同的，如果 X 和 Y 是正象限相依的，那么 $\rho_{X,Y} = \sigma_{X,Y}$；如果 X 和 Y 是负象限相依的，那么 $\rho_{X,Y} = -\sigma_{X,Y}$。

2.4 实证分析

2.4.1 宏观经济指标的相关性

我们选择几组常见的宏观经济指标（具体统计方法可参考：高敏雪等，2006），见表 2-3，数据来源于 wind 资讯。通过计算不同的相关系数，可以对各种相关系数之间的关系有一个直观的认识。实证分析部分基本是用 matlab 编程计算，可参考张志涌（2003）、张树德（2008）、谢中华等（2010）编著的书。从表 2-4 可以看出，所有的 Spearman 相关系数都大于 Kendall 相关系数，大部分情况 Spearman 相关系数和线性相关系数比较接近，但也有例外。

表 2-3　　　　　　　宏观经济指标样本说明

宏观经济指标	样本个数	起始时间	时间间隔
GDP 增长率和发电量增长率	80	1991 年一季度~2011 年四季度	季度
CPI 和贷款利率	264	1990 年 1 月~2011 年 12 月	月度
固定资产投资增长率和贷款余额增长率	187	1995 年 2 月~2011 年 12 月	月度
固定资产投资增长率和中长期贷款余额增长率	187	1995 年 2 月~2011 年 12 月	月度
CPI 与居民收入增长率	68	1995 年 3 月~2011 年 12 月	季度
PPI 与居民收入增长率	68	1995 年 3 月~2011 年 12 月	季度
CPI 与固定资产投资增长率	169	1996 年 10 月~2011 年 12 月	月度
PPI 与固定资产投资增长率	169	1996 年 10 月~2011 年 12 月	月度

注：数据来源于 wind 资讯。

表 2-4　　　　　　　宏观经济指标之间的相关性

宏观经济指标	线性相关系数	Kendall 相关系数	Spearman 相关系数	Blomqvist 相关系数	Gini 相关系数	75% 分位数相关系数
GDP 增长率和发电量增长率	0.5388	0.3767	0.5477	0.45	0.4381	0.25
CPI 和贷款利率	0.7101	0.4607	0.6385	0.5985	0.5442	0.6364
固定资产投资增长率和贷款余额增长率	0.0723	0.1499	0.2023	0.1872	0.1464	0.3913
固定资产投资增长率和中长期贷款余额增长率	0.1886	0.1225	0.1789	0.0481	0.106	0.3696
CPI 与居民收入增长率	0.7723	0.5118	0.6872	0.4706	0.5523	0.4706
PPI 与居民收入增长率	0.7679	0.5337	0.7224	0.4706	0.5727	0.5294
CPI 与固定资产投资增长率	0.2365	0.1063	0.202	0.1905	0.1863	0.1429
PPI 与固定资产投资增长率	0.28	0.1926	0.3053	0.381	0.2939	0.1951

固定资产投资增长率和贷款余额增长率的线性相关系数表现出很弱的相关性，但是 Spearman 相关系数和 Kendall 相关系数却表现出了一定的相关性，尤其是 75% 分位数相关系数达到了 0.39。仔细观察这组数据会发现（见图 2-7），去掉左上方的几组特殊样本点，剩下样本的相关性还是较强的，线性相关系数是 0.29，Spearman 相关系数是 0.31，Kendall 相关系数是 0.22。由此可见，线性相关系数受特殊值的影响非常大，而秩相关系数

的受到的影响相对较小。如果单纯看线性相关系数就会得出，固定资产投资增长率和贷款余额增长率几乎没有相关性的结论，但是考察其他相关系数后认为，两者之间还是有一定相关性的。

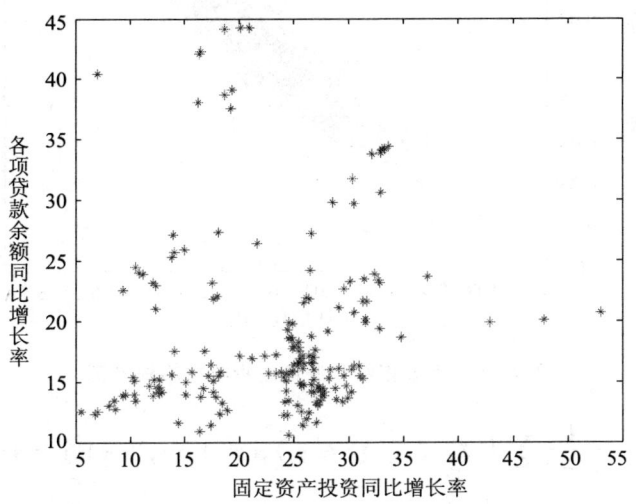

图 2-7　固定资产投资与贷款余额同比增速散点图

2.4.2　股指收益率序列之间的相关性

我们选取上证指数和深证成指的收益率作为分析对象，时间范围从 2002 年 1 月 4 日至 2011 年 12 月 30 日，共 10 年的数据，有 2421 个样本，散点图见图 2-8，可以看出两者之间具有很强的正相关关系。

先考察两个收益率序列之间的象限相依、尾部单调性和随机单调性。因为没有现成的检验方法，所以我们设计了一种非参数检验法。记 $(X_1, \cdots, X_n)$ 和 $(Y_1, \cdots, Y_n)$ 分别为上证指数收益序列和深证成指收益率序列，将区间 $[\min_{l=1,\cdots,n}(X_l), \max_{l=1,\cdots,n}(X_l)]$ 和 $[\min_{i=1,\cdots,n}(Y_i), \max_{i=1,\cdots,n}(Y_i)]$ 等分成 N 等份（如 N = 100），形成 $(N+1) \times (N+1)$ 个网格点 (x_i, y_j)，$i = 1, \cdots, N+1$，$j = 1, \cdots, N+1$。

首先，检验是否正象限相依，记：

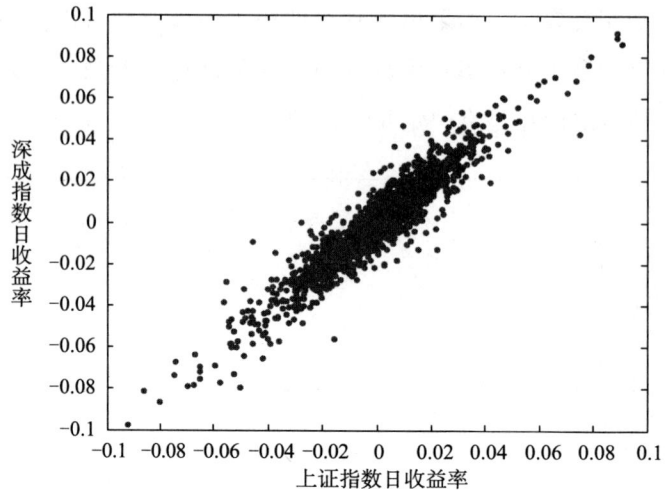

图 2-8 上证指数和深证成指收益率散点图

$$H(x_i, y_j) = \frac{1}{n-1}\sum_{I=1}^{n} I(X_I \leq x_i, Y_I \leq y_j), i = 1, \cdots, N+1, j = 1, \cdots, N+1$$

$$F(x_i) = \frac{1}{n-1}\sum_{I=1}^{n} I(X_I \leq x_i), i = 1, \cdots, N+1, j = 1, \cdots, N+1$$

$$G(y_j) = \frac{1}{n-1}\sum_{I=1}^{n} I(Y_I \leq y_j), i = 1, \cdots, N+1, j = 1, \cdots, N+1$$

如果两个收益率序列是正象限相依的，那么应该有 $H(x_i, y_j) \geq F(x_i) G(y_j)$。也就是说，$H(x_i, y_j) - F(x_i) G(y_j) < 0$ 的情况非常少。记对应 $H(x_i, y_j) - F(x_i) G(y_j) < 0$ 的网格点个数为 K，如果 $p = \frac{K}{(N+1)^2}$ 非常小，则可以说两个收益率序列是正象限相依的。实际计算结果 $p = 0.02$，可以说上证和深证成的收益率序列是正象限相依的。

然后，检验是否有尾部单调性，记：

$$LTD_{y_j}(x_i) = \frac{\sum_{I=1}^{n} I(X_I \leq x_i, Y_I \leq y_j)}{\sum_{I=1}^{n} I(X_I \leq x_i)}, i = 1, \cdots, N+1, j = 1, \cdots, N+1$$

$$RTI_{y_j}(x_i) = \frac{\sum_{l=1}^{n} I(X_l > x_i, Y_l > y_j)}{\sum_{l=1}^{n} I(X_l > x_i)}, i = 1, \cdots, N+1, j = 1, \cdots, N+1$$

如果 Y 关于 X 是左尾递减的，那么 $LTD_{y_j}(x_i)$ 应该是关于 x_i 的减函数；如果 Y 关于 X 是右尾递增的，那么 $RTI_{y_j}(x_i)$ 应该是关于 x_i 的增函数。实证结果显示，Y 关于 X 是左尾递减的，且右尾递增。图 2-9 显示

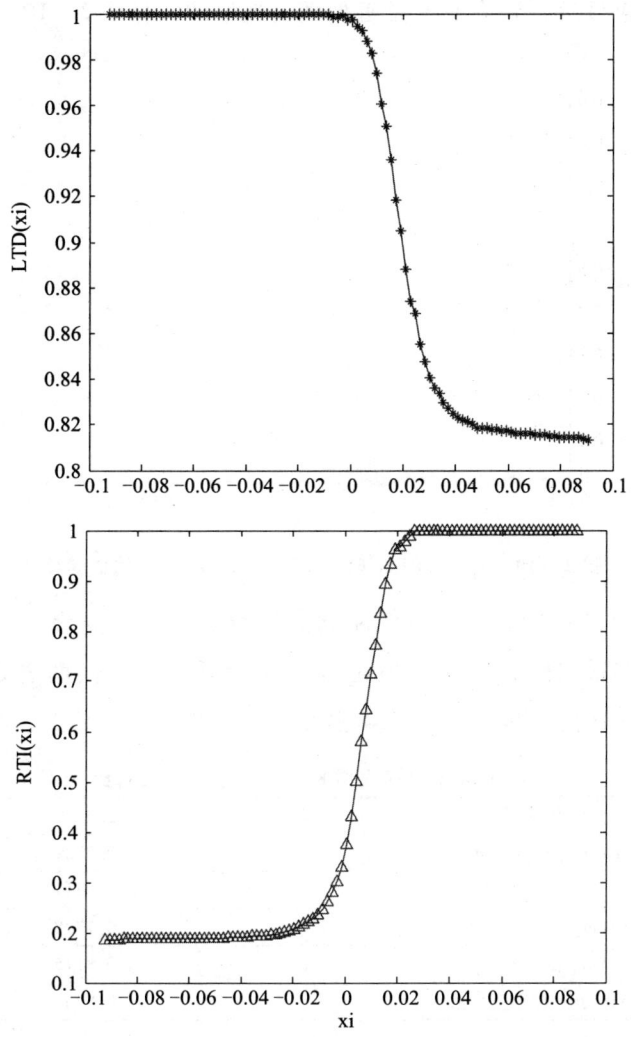

图 2-9　$y_j = 0.0141$ 时，$LTD_{y_j}(x_i)$ 和 $RTI_{y_j}(x_i)$ 关于 x_i 的曲线图

了，$y_j = 0.0141$ 时，$LTD_{y_j}(x_i)$ 和 $RTI_{y_j}(x_i)$ 关于 x_i 的曲线图。

最后检验随机单调性。记：

$$SI_{y_j}(x_i) = \frac{\sum_{l=1}^{n} I(X_l \in [x_i, x_{i+1}], Y_l > y_j)}{\sum_{l=1}^{n} I(X_l \in [x_i, x_{i+1}])}, i = 1, \cdots, N, j = 1, \cdots, N+1$$

如果 Y 关于 X 是随机递增的，那么 $SI_{y_j}(x_i)$ 应该是关于 x_i 的增函数。实证结果显示，Y 关于 X 是近似随机递增的，见图 2-10。

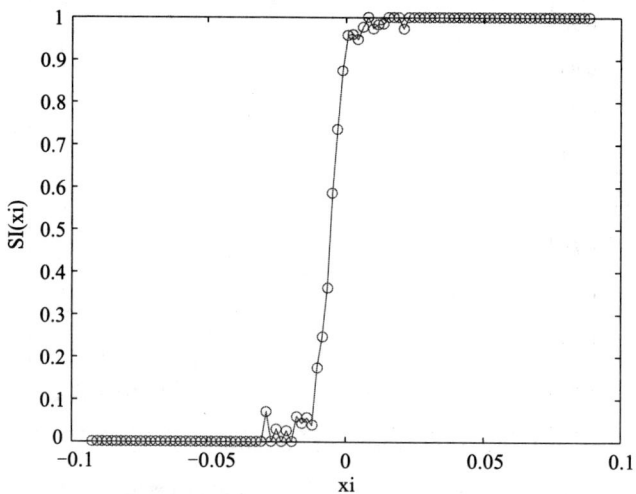

图 2-10 $y_j = 0.0141$ 时，$SI_{y_j}(x_i)$ 关于 x_i 的曲线图

最后在考察一下两个收益率序列间的相关系数，见表 2-5。总体上看，两者具有很强的相关性，但是分时间段看，有时候两者走势差别很大。以年为一区间，按月滚动计算相关系数，如图 2-11。

表 2-5 上证指数和深证成指收益率的相关系数对比

线性相关系数	0.9376
Kendall 相关系数	0.7709
Spearman 相关系数	0.9211
Blomqvist 相关系数	0.7728
Gini 相关系数	0.8175
75% 分位数相关系数	0.8251

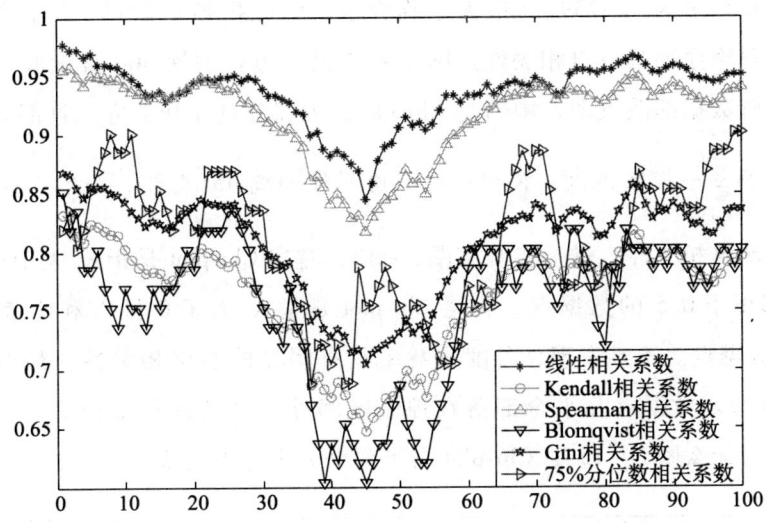

图 2-11 上证指数和深证成指收益率的相关系数动态变化图

2.4.3 Chi-plot 和 K-plot 实证研究

根据已有常识，通常认为股票收益率是近似服从正态分布的，风险管理、资本资产定价模型、布莱克舒尔斯期权定价公式都是以此为基础发展出来的理论体系。大多数实证研究也已证明该假设。本节将应用 Chi-plot 和 K-plot 研究沪深 300 指数收益率序列，可以发现有别于常识的一些新信息。数据范围选取 2005 年 1 月至 2019 年 7 月的月、周、日频收益率数据，研究对象为收益率序列与其滞后一阶的序列之间的相关关系。

沪深 300 月度收益率序列具有自相关性，线性相关系数为 $r = 0.156$，采用费歇尔提出的 t 检验（贾俊平等，2007）。零假设为：相关系数为 0。t 统计量计算公式为：

$$t = |r| \sqrt{\frac{n-2}{1-r^2}} \sim t(n-2)$$

共有 174 个样本，自由度为 172，t 值为 2.075。在显著性水平 0.05 条件下，临界值为 1.9739。t 值大于临界值，因此拒绝零假设，即沪深 300 月度收益率序列具有自相关性。图 2-12 最左边是沪深 300 月度收益率与滞后一阶数据的散点图，中间是 Chi-plot，大部分点在 0 上方，且部分数据点超出了 $\pm \frac{C_p}{\sqrt{n}}$ 控制区间，K-plot 右上角明显偏离 45°直线，月收益率可能具有尾部自相关性。进一步观察图 2-13，左尾 Chi-plot 是指 λ_i 大于 0 且 F_i 和 G_i 都小于 0.5 的数据点，右尾 Chi-plot 是指 λ_i 大于 0 且 F_i 和 G_i 都大于 0.5 的数据点。不难发现，月度收益率具有明显的右尾相关性，最右边的 Chi-plot 显示数据点几乎全部落在控制区间外，但没有左尾相关性，这也解释了为什么图 2-12 中 Chi-plot 右半部分分为上下两块。

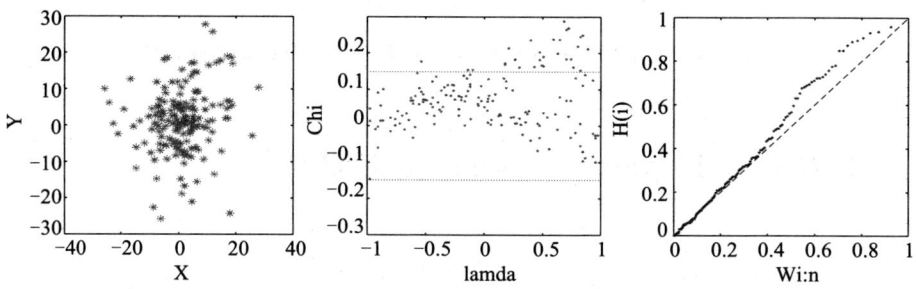

图 2-12 沪深 300 月收益率散点图、Chi-plot 和 K-plot

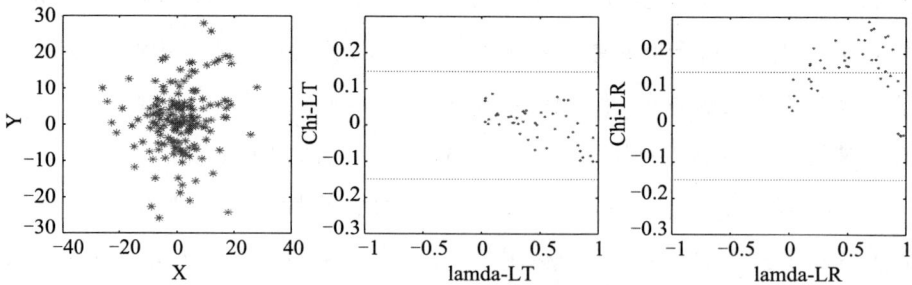

图 2-13 沪深 300 月收益率散点图、左尾 Chi-plot 和右尾 Chi-plot

再看周频收益率数据，滞后一阶的线性相关系数为 0.049，通过 t 检验，不能拒绝相关系数为零的假设。Chi-plot 和 K-plot 也都显示不具有相关性。图 2-15 左尾 Chi-plot 显示周频收益率序列可能具有左尾相关性，与月度数刚好相反。

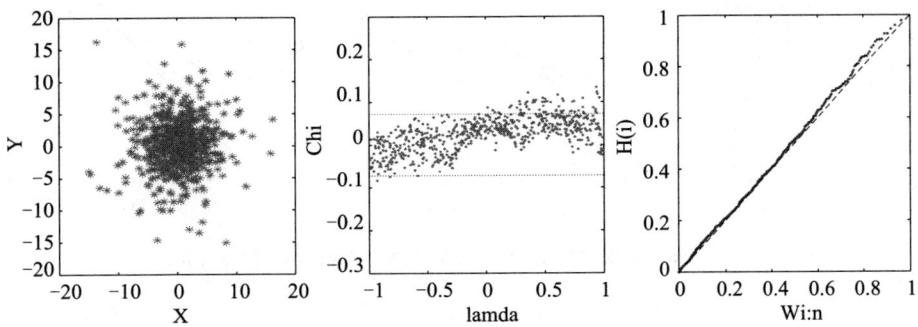

图 2-14　沪深 300 周收益率散点图、Chi-plot 和 K-plot

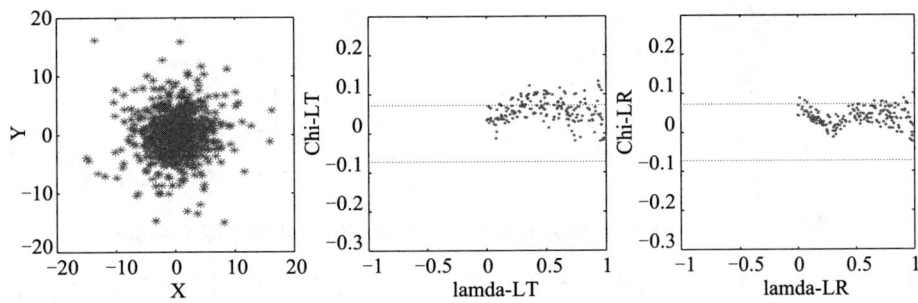

图 2-15　沪深 300 周收益率散点图、左尾 Chi-plot 和右尾 Chi-plot

日频收益率数据的滞后一阶线性相关系数只有 0.026，通过 t 检验，不能拒绝相关系数为零的假设。图 2-16 中的 Chi-plot 有一些特殊，是 Fisher, N. I. (2001) 提到的"肺叶"形状很像，说明样本可能来自于两个总体。

2.4.4　实证分析小结

通过对宏观经济指标的实证分析发现，线性相关系数受特殊值的影响非常大，而秩相关系数的受到的影响相对较小。实践中考察两个序列的相

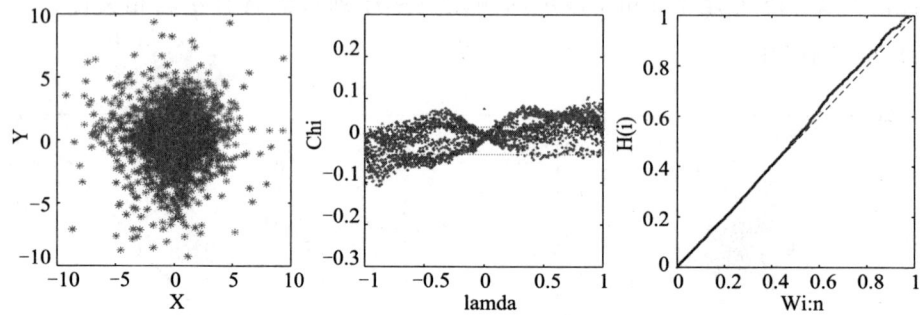

图 2-16　沪深 300 日收益率散点图、Chi-plot 和 K-plot

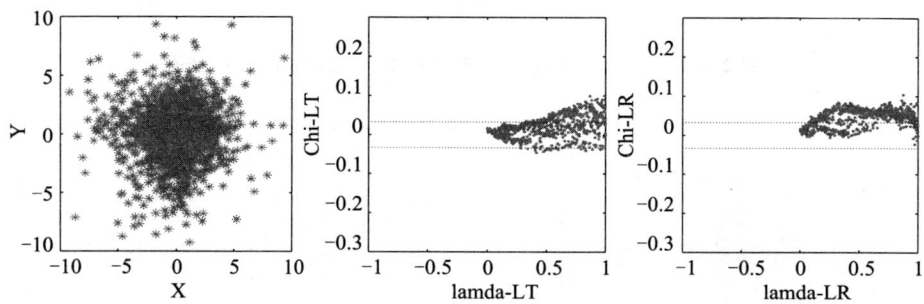

图 2-17　沪深 300 日收益率散点图、左尾 Chi-plot 和右尾 Chi-plot

关性时，最好考虑多类相关系数，如线性相关系数、秩相关系数、尾部相关系数等。

通过对股票指数收益率序列的实证发现，相对象限相依和尾部单调性，随机单调性是相关性最强的。上证和深证成指收益率序列的线性相关系数超过了 0.9，满足象限相依和尾部单调性的条件，近似满足随机单调性的条件。

对沪深 300 月、周、日频收益率序列的实证发现，沪深 300 月度收益率序列具有一阶自相关性，且右尾相关，左尾不相关，周频和日频数据均不具有一阶自相关性，其中日频数据显示样本很可能来自于两个总体，原因可能来自日收益率序列的异方差性。

详见图 2-17。

2.5　本章小结

本章对相关性的度量方法进行了全面的介绍，包括定性描述法、相关系数法和图示法等共 16 种度量方法，并对各种度量方法之间的强弱关系进行对比。对关于 Chi-plot 和 K-plot 的研究现状及应用情况进行了详细介绍，重点阐述了其理论基础和具体的作图步骤。对 Chi-plot 中的临界值进行了探讨，公式法比蒙特卡洛模拟法的应用更方便。针对 K-plot，提出基于解析公式的快速算法，避免了组合数过大给计算过程带来的麻烦。Copula 函数是比较分析各种相关性的有力工具，本章主要总结各种相关性度量方法，并且应用数值方法将变量离散化，对各种相关性度量进行了实证对比分析，应用 Chi-plot 和 K-plot 对股指的不同周期收益率序列进行了实证研究。

第 3 章

Copula 函数简介

3.1 Copula 函数和 Sklar 定理

Copula1 理论是由 Sklar 首先提出的，其实质是把任意一个 m 维联合分布函数分解为 m 个边缘分布和一个 Copula 函数，其中，边缘分布描述的是单个随机变量的分布，Copula 是描述随机变量之间相依结构的连接函数。

Sklar 定理（Sklar，1959）：假设随机向量的边缘分布 $u_i = F_i(X_i)$ 符合均匀分布 Uniform（0，1），其中，$i = 1, \cdots, m$。m 维随机向量的联合分布 $F(X_1, X_2, \cdots X_m)$ 与边缘分布存在以下关系：

$$F(X_1, X_2, \cdots X_n) = C(F_1(X_1), F_2(X_2), \cdots, F_m(X_m)) \quad (3.1)$$

（3.1）式中 C 称为 F 的 Copula 函数，并且 $C \in [0, 1]$。如果边缘分布是连续的，则 Copula 函数 C 是唯一的。相应地，以 $F_1(X_1)$，$F_2(X_2)$，$\cdots$，$F_m(X_m)$ 为边缘分布的联合分布的概率密度函数可表示为：

$$f(x_1, x_2, \cdots x_n) = C(F_1(x_1), F_2(x_2), \cdots, F_m(x_m)) \prod_{i=1}^{m} f_i(x_i)$$
$$(3.2)$$

（3.2）式中 $f_i(x_i)$ 为边缘分布 $F_i(X_i)$ 的概率密度函数，记 c 为 Copula 函数 C 的概率密度函数，则可表示为：

$$c(u_1, u_2, \cdots, u_m) = \frac{f(F_1^{-1}(u_1), F_2^{-1}(u_2), \cdots, F_m^{-1}(u_m),)}{\prod_{i=1}^{m} f_i(F_i^{-1}(u_i))}$$
$$(3.3)$$

若一个 m 维函数 C 为 Copula 函数，则其必须满足以下性质（Nelsen，2006）：

（1）函数 C 的定义域为 I^m，即 $[0, 1]^m$；

（2）函数 C 有零基面且 m 维递增；

(3) 对于任意的 $u_1, u_2, \cdots, u_m \in [0,1]$，满足：

$$C(u_1,\cdots,u_{k-1},0,u_{k+1},\cdots,u_m) = 0$$

$$C(1,\cdots,1,u_k,1,\cdots,1) = 1$$

其中，$k = 1, \cdots, m$

3.2 常用的 Copula 函数

常用的 Copula 函数主要包括：椭圆族、阿基米德族、Marshall – Olkin Copulas、经验 Copula、极值 Copula 等。另外，有几个简单 Copula 函数在实际应用中也经常被提及，分别是 $W = \max(u+v-1, 0)$、$M = \min(u,v)$ 和 $\Pi = uv$。Π 也称为乘积 Copula，是相关性研究中非常重要的一种形式。假设随机变量 X 和 Y 相互独立，其 Copula 函数就是乘积 Copula，即 $C(u,v) = uv$，$u, v \in [0,1]$。

3.2.1 椭圆族 Copula

椭圆族 Copula 中最常用的有高斯 Copula 和 t-Copula。

二元高斯 Copula 函数是应用最为广泛的函数，公式为：

$$C(u,v,\rho) = \Phi[\Phi^{-1}(u), \Phi^{-1}(v)] \tag{3.4}$$

(3.4) 式中，$u, v \in [0,1]$，Φ 是一元累积正态分布函数，Φ^{-1} 是一元正态分布函数的逆函数，ρ 是二元随机变量的线性相关系数。相应的密度函数为：

$$c(u,v,\rho) = \frac{\varphi[\Phi^{-1}(u), \Phi^{-1}(v)]}{\varphi[\Phi^{-1}(u)]\varphi[\Phi^{-1}(v)]} \tag{3.5}$$

(3.5) 式中，φ —一元正态分布的概率密度函数。二元高斯 Copula 和随机变量 X、Y 的表达式如下：

$$C(u,v,\rho) = \int_{-\infty}^{\Phi^{-1}(v)} \int_{-\infty}^{\Phi^{-1}(u)} \frac{1}{2\pi\sqrt{1-\rho^2}} e^{\frac{x^2-2\rho xy+y^2}{2(1-\rho^2)}} dxdy \quad (3.6)$$

t-Copula 函数常用来对尾部相关的随机变量进行建模，公式为：

$$C(u,v,\rho,n) = t[t^{-1}(u),t^{-1}(v)] \quad (3.7)$$

（3.7）式中，$u, v \in [0,1]$，t 是一元 t 分布函数，t^{-1} 是一元 t 分布函数的逆函数，ρ 是二元随机变量的线性相关系数，n 是一元 t 分布的自由度。相应的密度函数为：

$$c(u,v,\rho,n) = \frac{f[t^{-1}(u),t^{-1}(v)]}{f[t^{-1}(u)]f[t^{-1}(v)]} \quad (3.8)$$

（3.8）式中，f 为 t 分布的概率密度函数。t–Copula 和随机变量 X、Y 的表达式如下：

$$C(u,v,\rho) = \int_{-\infty}^{t^{-1}(v)} \int_{-\infty}^{t^{-1}(u)} \frac{1}{2\pi\sqrt{1-\rho^2}} \left[1 + \frac{x^2-2\rho xy+y^2}{n(1-\rho^2)}\right]^{-\frac{n+2}{2}} dxdy$$

$$(3.9)$$

3.2.2 阿基米德族 Copula

阿基米德 Copula 是由阿基米德生成元构造的一大类 Copula 函数，具有以下形式：

$$C(u,v) = \varphi^{-1}[\varphi(u) + \varphi(v)] \quad (3.10)$$

其中，$u, v \in [0,1]$，φ 为阿基米德生产函数，满足以下条件：

（1）$\varphi(u) + \varphi(v) \leq \varphi(0)$；

（2）对于任意的 $0 \leq t \leq 1$，$\varphi(1) = 0$，$\varphi'(t) < 0$，$\varphi''(t) < 0$，即 $\varphi(t)$ 是一个凸减函数；

阿基米德 Copula 由它的生产函数 φ 唯一确定。常用的阿基米德 Copula 有：Clayton Copula、Gumbel Copula 和 Frank Copula。

二元 Clayton Copula 函数的公式为：

$$C(u,v,\alpha) = \max\left[u^{-\alpha} + v^{-\alpha} - 1, 0\right]^{-\frac{1}{\alpha}} \quad (3.11)$$

(3.11) 式中，$u, v \in [0, 1]$，$\alpha \in [-1, 0) \cup (0, +\infty)$ 为 Clayton Copula 的相关参数，其生成函数为 $\varphi(t) = \frac{1}{\alpha}(t^{-\alpha} - 1)$。当 $\alpha \to 0$ 时，随机变量 u 和 v 趋于独立。相应的密度函数为：

$$c(u,v,\alpha) = (1+\alpha)(uv)^{-\alpha-1}(u^{-\alpha} + v^{-\alpha} - 1)^{-2-\frac{1}{\alpha}} \quad (3.12)$$

Clayton Copula 能很好地反映变量间的下尾相关性，适合于对金融市场暴跌情形建模，但是对上尾相关性不敏感。

二元 GumbelCopula 函数的公式为：

$$C(u,v,\alpha) = e^{-[(-\ln u)^{\alpha} + (-\ln v)^{\alpha}]^{\frac{1}{\alpha}}} \quad (3.13)$$

(3.13) 式中，$u, v \in [0, 1]$，$\alpha \in [1, +\infty)$ 是 Gumbel Copula 的相关参数，其生成函数为 $\varphi(t) = (-\ln t)^{\alpha}$。当 $\alpha \to +\infty$ 时，随机变量 u 和 v 将完全相依。相应的密度函数为：

$$c(u,v,\alpha) = \frac{e^{-[(-\ln u)^{\alpha} + (-\ln v)^{\alpha}]^{\frac{1}{\alpha}}}(\ln u \times \ln v)^{\alpha-1}}{uv[(-\ln u)^{\alpha} + (-\ln v)^{\alpha}]^{2-\frac{2}{\alpha}}}\{1 +$$
$$(\alpha-1)[(-\ln u)^{\alpha} + (-\ln v)^{\alpha}]^{\frac{1}{\alpha}}\} \quad (3.14)$$

跟 Clayton Copula 相反，Gumbel Copula 对变量的下尾相关不敏感，但能很好地反映变量间的上尾相关性，适合于金融市场普涨情形下的建模。

二元 Frank Copula 函数的公式为：

$$C(u,v,\alpha) = -\frac{1}{\alpha}\ln\left[1 + \frac{(e^{-\alpha u} - 1)(e^{-\alpha v} - 1)}{e^{-\alpha} - 1}\right] \quad (3.15)$$

(3.15) 式中，$u, v \in [0, 1]$，$\alpha \in (-\infty, 0) \cup (0, +\infty)$ 为 Frank Copula 的相关参数，其生成函数为 $\varphi(t) = -\ln(e^{-\alpha t} - 1)/(e^{-\alpha} - 1)$。相应的密度函数为：

$$c(u,v,\alpha) = \frac{\alpha(1 - e^{-\alpha})e^{-\alpha(u+v)}}{[(1 - e^{-\alpha}) - (1 - e^{-\alpha u})(1 - e^{-\alpha v})]^2} \quad (3.16)$$

跟 Clayton Copula 和 Gumbel Copula 不同，Frank Copula 具有对称的尾部相依特征，上尾相关性和下尾相关性都不明显。

3.2.3 经验 Copula

将总体的取值区间（a, b）分成 k 个不相交的小区间，记第 i 个小区间为 I_i，其长度为 h_i。样本观测值落在区间 I_i 中的个数为 n_i，则样本的经验密度函数可表示为：

$$\widehat{f}_n(x) = \begin{cases} \dfrac{n_i}{n h_i}, & x \in I_i, i = 1, 2, \cdots, n \\ 0, & 其他 \end{cases} \quad (3.17)$$

经验分布函数为：

$$F_n(x) = \frac{1}{n} \sum_{i=1}^{n} I(X_i \leqslant x) \quad (3.18)$$

经验 Copula 函数类似于经验分布函数的概率，定义如下：设 (x_i, y_i) 是取自二元随机变量 (X, Y) 的样本，其中 $i = 1, \cdots, n$。记 X 和 Y 的经验分布函数分别为 $F_n(x)$ 和 $G_n(x)$，那么样本的经验 Copula 函数为：

$$\widehat{C}_n(u,v) = \frac{1}{n} \sum_{i=1}^{n} I_{[F_n(x_i) \leqslant u]} I_{[G_n(y_i) \leqslant v]}, u,v \in [0,1] \quad (3.19)$$

其中，$I_{[F_n(x_i) \leqslant u]}$ 为示性函数，若 $F_n(x_i) \leqslant u$，则 $I_{[F_n(x_i) \leqslant u]} = 1$，否则 $I_{[F_n(x_i) \leqslant u]} = 0$。

有了经验 Copula 函数，通过考察假设 Copula 函数与经验 Copula 函数之间的均方误差，就可以判断 Copula 函数的拟合效果了。定义均方误差如下：

$$d = \sum_{i=1}^{n} |\widehat{C}_n(u_i, v_i) - \widehat{C}(u_i, v_i)|^2 \quad (3.20)$$

其中，$\widehat{C}(u_i, v_i)$ 是假设的任意 Copula 函数。

3.2.4 极值 Copula

极值统计分析区别于一般统计方法的地方主要在于样本数据的选择

上，有资格成为极值的数据才能作为极值分布的样本数据。金融数据建模中应用最广泛的是阈值模型（POT），因为有效地利用了有限的极端观察值（孔繁利，2006）。设 F（x）是资产收益率序列的分布函数，u 为阈值，x－u表示超出量，超出量的分布函数记为：

$$F_u(y) = P(X-u \leq y \mid X > u), \quad 0 \leq y \leq x_0 - u \quad (3.21)$$

其中，$x_0 \leq +\infty$ 是 F 的右端点。超出量分布函数表示收益（或损失）超过阈值的概率，应用条件分布公式可得：

$$F_u(y) = \frac{F(u+y) - F(u)}{1 - F(u)} \quad (3.22)$$

所以有：F（x）= F_u（y）[1 － F（u）] ＋ F（u），x ＞ u。

相应的极值 Copula 是度量超出阈值的样本之间的相依结构的工具，二元极值 Copula 函数可表示为：

$$C(u,v) = \lim_{n \to \infty} C(u^{\frac{1}{n}} + v^{\frac{1}{n}})^n \quad (3.23)$$

3.3 二元 Copula 变量的随机模拟

随机模拟数据可帮助我们更好地了解 Copula 函数的性质，是比较样本数据和理论分布数据的重要途径。随机模拟数据为分析实际问题提供了很好的研究素材。例如，在金融市场风险管理中，已知两个随机变量具有明显的下尾相关性，则可用 Clayton Copula 函数随机模拟样本数据测算不同情景下可能面临的市场风险大小。

3.3.1 常见 Copula 函数的随机模拟方法

目前，科学统计软件一般可以提供常见 Copula 函数的随机模式方法，例如 matlab2016 工具箱包含高斯 Copula、t-Copula 和三个常用的阿基米德 Copula。高斯 Copula 随机模拟函数如下：

U = copularnd ('Gaussian', [1 rho; rho 1], n)

输入参数分别为 Copula 类型、相关系数矩阵、样本数量、输出结果为两列 [0，1] 区间上的均匀分布随机数据。其中，参数 rho 也是两个随机变量的线性相关系数。然后通过逆函数即可得到二元随机模拟数据，假设边缘分布为正态分布，则调用 norminv 函数：

[x, y] = {norminv [U (:, 1), 0, 1] norminv [U (:, 2), 0, 1]}

x 和 y 即边缘分布为正态分布，联合分布为高斯 Copula 的二元随机变量。

t-Copula 随机模拟函数如下：

U = copularnd ('t', [1 rho; rho 1], nu, n)

输入参数分别为 Copula 类型、相关系数矩阵、自由度参数、样本数量、输出结果为两列 [0，1] 区间上的均匀分布随机数据。其中，参数 rho 也是两个随机变量的线性相关系数。然后通过逆函数即可得到联合分布为 t-Copula 的二元随机模拟数据。

阿基米德 Copula 的参数则不那么直观，其中 Clayton Copula、Gumbel Copula 和 Frank Copula 的参数可用秩相关系数 tau 来表示。假设已知两个随机变量的秩相关系数 tau，可通过下面函数得到 Clayton Copula 的参数 alpha：

alpha = copulaparam ('Clayton', tau, 'type', 'kendall')

则 Clayton Copula 随机模拟函数如下：

U = copularnd ('Clayton', alpha, n)

输入参数分别为 Copula 类型、Clayton Copula 参数、样本数量、输出结果为两列 [0，1] 区间上的均匀分布随机数据。然后通过逆函数即可得到联合分布为 t-Copula 的二元随机模拟数据。

同理，对于 Gumbel Copula，假设已知两个随机变量的秩相关系数 tau，可通过下面函数得到其参数：

$$\text{alpha} = \text{copulaparam}\ (\text{'Gumbel'},\ \text{tau},\ \text{'type'},\ \text{'kendall'})$$

则 Gumbel Copula 随机模拟函数如下：

$$U = \text{copularnd}\ (\text{'Gumbel'},\ \text{alpha},\ n)$$

对于 Frank Copula，假设已知两个随机变量的秩相关系数 tau，可通过下面函数得到其参数：

$$\text{alpha} = \text{copulaparam}\ (\text{'Frank'},\ \text{tau},\ \text{'type'},\ \text{'kendall'})$$

则 Frank Copula 随机模拟函数如下：

$$U = \text{copularnd}\ (\text{'Frank'},\ \text{alpha},\ n)$$

3.3.2　一般 Copula 函数的随机模拟方法

单变量随机样本模拟，一般是先生成 [0，1] 区间上的均匀分布随机数据，然后根据分布函数求逆，得到某一特定分布的随机样本。二元变量的随机模拟方法与此类似，先根据 Copula 函数生成 [0，1] 区间上的二元均匀分布随机数据，然后分别根据特定的边缘分布函数求逆，得到想要的二元随机样本数据。那么难点是如何生成符合特定 Copula 函数的二元均匀分布随机数据。

设 F 是一个分布函数，则 F 的伪逆 $F^{(-1)}$ 是定义在 $(-\infty, +\infty)$ 上的，且满足以下条件的函数：

(1) 若 t 在函数 F 的值域内，则 $F^{(-1)}(t)$ 是满足 F(x)=t 的任意 x，也就是说对于函数 F 的值域内所有的 t，$F(F^{(-1)}(t)) = t$；

(2) 若 t 在函数 F 的值域内，则：

$$F^{(-1)}(t) = \inf\{x \mid F(x) \geq t\} = \sup\{x \mid F(x) \leq t\}$$

如果 F 是严格递增的，则伪逆函数就是通常意义下的逆函数，用 F^{-1} 表示。

为了得到符合特定 Copula 函数的二元随机数据，我们先定义 U = u 情况下 V 的条件分布函数：

$$c_u(v) = P(V \leq v \mid U = u) = \lim_{\Delta u \to 0} \frac{C(u+\Delta u, v) - C(u, v)}{\Delta u} = \frac{\partial}{\partial u} C(u, v)$$

设 C 是一个 Copula 函数，对于 [0，1] 区间上的任意 v，偏导数 $\frac{\partial}{\partial u}C$ 几乎对所有的 u 都是存在的，且 $0 \leqslant \frac{\partial}{\partial u}C(u,v) \leqslant 1$。类似的，对于 [0，1] 区间上的任意 u，偏导数 $\frac{\partial}{\partial v}C$ 几乎对所有的 v 都是存在的，且 $0 \leqslant \frac{\partial}{\partial v}C(u,v) \leqslant 1$。

另外，$u \to \frac{\partial}{\partial v}C(u,v)$ 和 $v \to \frac{\partial}{\partial u}C(u,v)$ 是定义在 [0，1] 区间上的处处非降函数。

生成满足 Copula 分布的二元随机变量数据步骤如下：

（1）生成两个独立的（0，1）区间上均匀分布随机数据 u、t；

（2）计算 $v = c_u^{-1}(t)$，此处 c_u^{-1} 表示 c_u 的伪逆；

（3）(u，v) 即为符合某一特定 Copula 函数的随机数据；

（4）根据边缘分布，对 u 和 v 分别求逆，即可得到二元随机变量 x 和 y。

例 3.1 设 (X，Y) 是具有联合分布函数 H(x，y) 的二维随机变量，

$$H(x,y) = \frac{(x+1)(e^y - 1)}{x + 2e^y - 1}$$

其中，(x，y) ∈ [-1，1] × [0，+∞)，其边缘分布函数分别为：

$$u = F(x) = \frac{x+1}{2}$$

$$v = G(y) = 1 - e^{-y}$$

对应的 Copula 函数为：

$$C(u,v) = \frac{uv}{u + v - uv}$$

条件分布函数为：

$$C_u(v) = \frac{\partial}{\partial u}C(u,v) = \left(\frac{v}{u + v - uv}\right)^2$$

其伪逆为：

$$C_u^{(-1)}(t) = \frac{u\sqrt{t}}{1-(1-u)\sqrt{t}}$$

按照上述方法可构造该联合分布的随机模拟数据生成过程如下：

（1）生成两个独立的（0，1）上均匀分布的随机序列 u、t；

（2）令 $v = \dfrac{u\sqrt{t}}{1-(1-u)\sqrt{t}}$；

（3）令 $x = 2u - 1$，$y = -\ln(1-v)$。

(x, y) 即为联合分布函数 H (x, y) 的随机序列对，其散点图如图 3-1 所示：

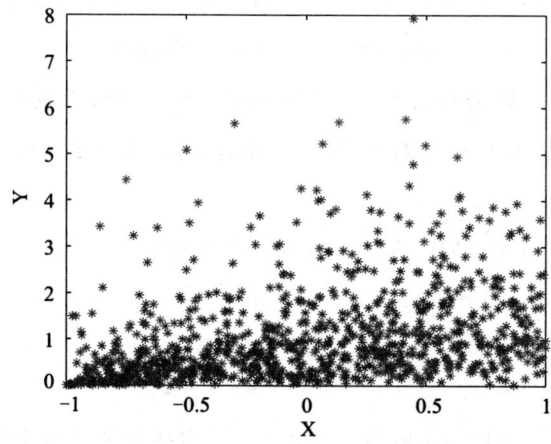

图 3-1 符合例 3.1Copula 函数的（x，y）散点图

例 3.2 设（X，Y）是具有联合分布函数 H（x，y）的二维随机变量，

$$H(x,y) = \exp\left[-(e^{-\theta x} + e^{-\theta y})^{\frac{1}{\theta}}\right]$$

其对应的 Copula 函数为 Gumbel 函数，即：

$$C(u,v,\theta) = \exp\left\{-\left[(-\ln u)^\theta + (-\ln v)^\theta\right]^{\frac{1}{\theta}}\right\}$$

条件函数为：$C_u(u) = \dfrac{\partial}{\partial u} C(u,v) = \exp\left\{-\left[(-\ln u)^\theta + (-\ln v)^\theta\right]^{\frac{1}{\theta}}\right\}$

$$[(-\ln u)^\theta + (-\ln v)^\theta]^{\frac{1}{\theta}-1} \frac{(-\ln u)^{\theta-1}}{u}。$$

由于条件函数的伪逆函数没有解析解,不能利用该方法生成其随机模拟数据。利用基于 S 函数的阿基米德 Copula 随机模拟方法则可解决这个问题。

3.3.3 阿基米德 Copula 函数的随机模拟方法

阿基米德 Copula 是由其生成元构造形成的,可以利用生成元,推导出由生成元表达的随机模拟方法。先看一下阿基米德 Copula 的性质。假设 $C(u,v)$ 是由生成元 $\varphi(t)$ 所生成的阿基米德 Copula,φ 是 $[0,1] \to [0,+\infty)$ 上的连续且严格降凸函数,且 $\varphi(1)=0$,则 Copula 函数 $C(u,v)$ 对应的密度函数为:

$$\frac{\partial^2 C(u,v)}{\partial u \partial v} = \frac{-\varphi'(u)\varphi'(v)\varphi''[C(u,v)]}{\{\varphi'[C(u,v)]\}^3}$$

已知 $\varphi[C(u,v)] = \varphi(u) + \varphi(v)$,两边对 u 求导,得:

$$\frac{\partial C(u,v)}{\partial u} = \frac{\varphi'(u)}{\varphi'[C(u,v)]}$$

两边再对 v 求导,得:

$$\frac{\partial^2 C(u,v)}{\partial u \partial v} = \frac{-\varphi'(u)\varphi'(v)\varphi''[C(u,v)]}{\{\varphi'[C(u,v)]\}^3}$$

同时,对 [0,1] 上几乎所有的 u、v 都有:

$$\varphi'(v)\frac{\partial C(u,v)}{\partial u} = \varphi'(u)\frac{\partial C(u,v)}{\partial v}$$

对 $\varphi[C(u,v)] = \varphi(u) + \varphi(v)$ 两边分别对 u 求导,有:

$$\frac{\partial C(u,v)}{\partial u} = \frac{\varphi'(u)}{\varphi'[C(u,v)]}, \frac{\partial C(u,v)}{\partial v} = \frac{\varphi'(v)}{\varphi'[C(u,v)]}$$

因为 $\varphi(t)$ 严格降函数,所以 $\varphi'(t) \neq 0$,故:

$$\varphi'(v)\frac{\partial C(u,v)}{\partial u} = \varphi'(u)\frac{\partial C(u,v)}{\partial v}$$

由上述阿基米德 Copula 性质，我们可以构造阿基米德 Copula 随机模拟方法如下：

（1）生成两个独立的（0，1）区间上均匀分布随机数据 u、t，这里 t 是 $\frac{\partial C(u,v)}{\partial u}$ 的随机模拟值；

（2）记 $w = \varphi'^{(-1)}\left(\frac{\varphi'(u)}{t}\right)$，由于 $\varphi'[C(u,v)]\frac{\partial C(u,v)}{\partial u} = \varphi'(u)$，即：

$$C(u,v) = \varphi'^{(-1)}\left(\frac{\varphi'(u)}{\frac{\partial C(u,v)}{\partial u}}\right)$$

所以 w 实际上是 C（u，v）的取值；

（3）因为 $\varphi(w) = \varphi(u) + \varphi(v)$，所以 $v = \varphi^{(-1)}[\varphi(w) - \varphi(u)]$；

（4）u、v 即符合阿基米德 Copula 的随机变量。

例 3.3 假设随机变量 x 和 y 都服从标准正态分布，Clayton Copula 公式为：

$$C(u,v,\alpha) = \max[u^{-\alpha} + v^{-\alpha} - 1, 0]^{-\frac{1}{\alpha}}$$

上式中，u，v ∈ [0，1]，α ∈ [-1，0) ∪ (0，+∞) 为 ClaytonCopula 的相关参数，其生成函数为 $\varphi(t) = \frac{1}{\alpha}(t^{-\alpha} - 1)$。构造符合 Clayton Copula 的随机模拟数据生成过程如下：

（1）生成两个独立的（0，1）上均匀分布的随机序列 u、t；

（2）$\varphi'(t) = -t^{-\alpha-1}$，$\varphi'^{(-1)}(t) = (-t)^{\frac{-1}{\alpha+1}}$，令 $w = \varphi'^{(-1)}\left(\frac{\varphi'(u)}{t}\right)$；

（3）$\varphi^{(-1)}(t) = (1 + \alpha t)^{-\frac{1}{\alpha}}$，令 $v = \varphi^{(-1)}[\varphi(w) - \varphi(u)]$

（4）$x = \Phi^{-1}(u)$，$y = \Phi^{-1}(v)$，其中 Φ^{-1} 为标准正态分布函数的逆函数。x、y 即符合 Clayton Copula 的正态随机变量，散点图如图 2-2，具有明显的下尾相关性。

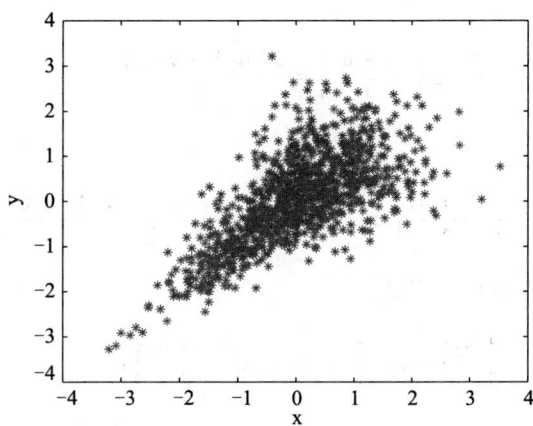

图 3-2 符合 ClaytonCopula 函数的 (x, y) 散点图 (参数 α = 1.95)

3.3.4 基于 S 函数下的阿基米德 Copula 随机模拟方法

本节的随机模拟方法也是仅对阿基米德 Copula。先结合阿基米德 Copula 函数的性质引出 S 函数。

定义：对一个阿基米德 Copula 和任意 t，等位点集是由等位曲线 $\varphi(u) + \varphi(v) = \varphi(t)$ 上的点组成的集合，即 $\{(u, v) | \varphi(u) + \varphi(v) = \varphi(t), 0 \leq u \leq 1, 0 \leq v \leq 1\}$。等位曲线用 $v = L_t(u)$ 表示，$L_t(u) = \varphi^{-1}[\varphi(t) - \varphi(u)]$。

此处之所以用 φ^{-1} 而不用 $\varphi^{(-1)}$，是因为 $\varphi(t) - \varphi(u) \in [0, \varphi(0)]$。若 t = 0，称 $\{(u, v) | C(u, v), 0 \leq u \leq 1, 0 \leq v \leq 1\}$ 为 C 的零点集，用 Z(C) 表示。对很多阿基米德 Copula 来说，Z(C) 只是两条线 $\{0\} \times [0, 1]$ 和 $[0, 1] \times \{0\}$。对于这样的一个零点集，Z(C) 的边界曲线 $\varphi(u) + \varphi(v) = \varphi(0)$，即 $v = L_t(0)$，称为 C 的零等位曲线。

性质 1：阿基米德 Copula 函数的等位曲线 $L_t(u)$ 是凸的。

证明：设 C 是生成元为 φ 的阿基米德 Copula，对任意的 $t \in [0, 1)$，C(u, v) 的等位曲线 $L_t(u) = \varphi^{-1}[\varphi(t) - \varphi(u)]$。由于 φ 是凸函

数,即:

$$\varphi\left(\frac{u_1+u_2}{2}\right) \leq \frac{\varphi(u_1)+\varphi(u_2)}{2}$$

故:

$$\varphi(t)-\varphi\left(\frac{u_1+u_2}{2}\right) \geq \frac{[\varphi(t)-\varphi(u_1)]+[\varphi(t)-\varphi(u_2)]}{2}$$

因为 φ^{-1} 是降、凸函数,因此:

$$L_t\left(\frac{u_1+u_2}{2}\right) = \varphi^{-1}\left[\varphi(t)-\varphi\left(\frac{u_1+u_2}{2}\right)\right]$$

$$\leq \varphi^{-1}\left[\frac{[\varphi(t)-\varphi(u_1)]+[\varphi(t)-\varphi(u_2)]}{2}\right]$$

$$\leq \frac{\varphi^{-1}[\varphi(t)-\varphi(u_1)]+\varphi^{-1}[\varphi(t)-\varphi(u_2)]}{2}$$

$$= \frac{L_t(u_1)+L_t(u_2)}{2}$$

证毕。

性质 2:设 $C(u,v)$ 是一个阿基米德 Copula,其生成元为 $\varphi(t)$,则:

(1) 对任意的 $t \in (0,1)$,等位曲线 $\varphi(u)+\varphi(v)=\varphi(t)$ 的 C 测度为:

$$\varphi(t)\left[\frac{1}{\varphi'(t^-)}-\frac{1}{\varphi'(t^+)}\right]$$

其中,$\varphi'(t^-)$ 和 $\varphi'(t^+)$ 分别为 φ 处的左导数和右导数。特别的,如果 $\varphi'(t)$ 存在,则 C 测度为 0。

(2) 若 $C(u,v)$ 为非严格函数,则零等位曲线 $\varphi(u)+\varphi(v)=\varphi(0)$ 的 C 测度为 $-\frac{\varphi(0)}{\varphi'(0^+)}$,并且只要 $\varphi'(0^+)=-\infty$,则零等位曲线的 C 测度为 0。

证明:因为 φ 是连续且严格降凸函数,导数 $\varphi'(t^-)$ 和 $\varphi'(t^+)$ 在 $(0,1]$ 和 $[0,1)$ 分别存在。设 $t \in (0,1)$,$w = \varphi(t)$,n 是一个固定

的整数。考虑区间 $[t, 1]$ 被一些有规律的 $[0, w]$ 的分割点 $\{0, \dfrac{w}{n}$, $\cdots, \dfrac{kw}{n}, \cdots, w\}$ 所进行的分割,即分割 $\{t = t_0, t_1, \cdots, t_n\}$,其中 $t_n = 1$,$t_{n-k} = \varphi^{(-1)}\left(\dfrac{kw}{n}\right)$,$k = 0, 1, \cdots, n$。因为 $w < \varphi(0)$,所以:

$$C(t_j, t_k) = \varphi^{(-1)}[\varphi(t_j) + \varphi(t_k)]$$
$$= \varphi^{(-1)}\left[\dfrac{(n-j)w}{n} + \dfrac{(n-k)w}{n}\right]$$
$$= \varphi^{(-1)}\left[w + \dfrac{(n-j-k)w}{n}\right]$$

特别的,$C(t_j, t_{n-k}) = \varphi^{(-1)}(w) = t$。

设 R_k 表示矩形区域 $[t_{k-1}, t_k] \times [t_{n-k}, t_{n-k+1}]$,$S_n = \bigcup_{k=1}^{n} R_k$。根据 $\varphi^{(-1)}$ 的凸性可得:$0 \leq t_1 - t_0 \leq t_2 - t_1 \leq \cdots \leq t_n - t_{n-1} \leq 1 - t_{n-1}$,$\lim\limits_{n \to \infty}(1 - t_{n-1}) = 1 - \varphi^{(-1)}(0) = 0$。因此等位曲线 $\varphi(u) + \varphi(v) = \varphi(t)$ 的 C 测度为 $\lim\limits_{n \to \infty} V_C(S_n)$,并且对每一个 k,有:

$$V_C(R_k) = C(t_{k-1}, t_{n-k}) - t - t + C(t_k, t_{n-k+1})$$
$$= \left[\varphi^{(-1)}\left(w + \dfrac{w}{n}\right) - \varphi^{(-1)}(w)\right] - \left[\varphi^{(-1)}(w) - \varphi^{(-1)}\left(w - \dfrac{w}{n}\right)\right]$$

因此,

$$V_C(S_n) = \sum_{k=1}^{n} V_C(R_k)$$
$$= w\left[\dfrac{\varphi^{(-1)}\left(w + \dfrac{w}{n}\right) - \varphi^{(-1)}(w)}{\dfrac{w}{n}} - \dfrac{\varphi^{(-1)}(w) - \varphi^{(-1)}\left(w - \dfrac{w}{n}\right)}{\dfrac{w}{n}}\right]$$

对上式求 $n \to \infty$ 时的极限,得到等位曲线 $\varphi(u) + \varphi(v) = \varphi(t)$ 的 C 测度为:

$$\varphi(t)\left[\dfrac{1}{\varphi'(t^-)} - \dfrac{1}{\varphi'(t^+)}\right]$$

对一个非严格的 C 和 $t = 0$,$\varphi(0)$ 是有限的,且在 $Z(C)$ 上。或者说在

等位曲线 $\varphi(u)+\varphi(v)=\varphi(0)$ 上或以下，$C(u,v)=0$。因此对每一个 k，$V_C(R_k)=C(t_k,t_{n-k+1})$，根据前面的证明可得等位曲线 $\varphi(u)+\varphi(v)=\varphi(0)$ 的 C 测度为 $-\dfrac{\varphi(0)}{\varphi'(0^+)}$，并且只要 $\varphi'(0^+)=-\infty$，则零等位曲线的 C 测度为 0。

性质 3：设 $C(u,v)$ 是一个阿基米德 Copula，其生成元为 $\varphi(t)$，是 $[0,1]\to[0,+\infty]$ 上的连续、严格、降凸函数，且 $\varphi(1)=0$，$K_C(t)$ 表示集合 $\{(u,v)\in I^2\mid C(u,v)\le t\}$，即集合 $\{(u,v)\in I^2\mid \varphi(u)+\varphi(v)\ge\varphi(t)\}$ 的 C 测度，则对 I 中任意 t，有：

$$K_C(t)=t-\dfrac{\varphi(t)}{\varphi'(t^+)}$$

证明：设 $t\in(0,1)$，$w=\varphi(t)$，n 是一个固定的整数。考虑 $[t,1]$ 和 $[0,w]$ 的分割，设 R'_k 表示矩形区域 $[t_{k-1},t_k]\times[0,t_{n-k+1}]$，设 $S'_n=\cup_{k=1}^{n}R'_k$，根据前面的讨论，$K_C(t)=t+\lim_{n\to\infty}V_C(S'_n)$，对每一个 k，有：

$$V_C(R'_k)=C(t_{k-1},t_{n-k})-t=\varphi^{(-1)}\left(w-\dfrac{w}{n}\right)-\varphi^{(-1)}(w)$$

因此，

$$V_C(R'_k)\sum_{k=1}^{n}V_C(R'_k)=-w\left[\dfrac{\varphi^{(-1)}(w)-\varphi^{(-1)}\left(w-\dfrac{w}{n}\right)}{\dfrac{w}{n}}\right]$$

对上式求极限可得：$K_C(t)=t-\dfrac{\varphi(t)}{\varphi'(t^+)}$。证毕。

性质 4：设 u、v 是服从 (0,1) 区间上均匀分布的随机变量，且具有联合分布函数 $C(u,v)$。$C(u,v)$ 是一个阿基米德 Copula，其生成元为 $\varphi(t)$，是 $[0,1]\to[0,+\infty]$ 上的连续、严格、降凸函数，且 $\varphi(1)=0$，$K_C(t)$ 是随机变量 $C(u,v)$ 的分布函数，其中，$K_C(t)=t-\dfrac{\varphi(t)}{\varphi'(t^+)}$，且 U 和 $C(u,v)$ 的联合分布函数为 K'_C，则：

$$K'_C(s,t) = \begin{cases} s, & s \leq t \\ t - \dfrac{\varphi(t) - \varphi(s)}{\varphi'(t^+)}, & s > t \end{cases}$$

证明：由于 $\{(u,v) \in I^2 \mid u \leq s, C(u,v) \leq t\} = \{(u,v) \in I^2 \mid u \leq s\}$，因此 $s \leq t$ 时，$K'_C(s,t) = s$。沿用性质2和性质3的证明过程，设 $z = \varphi(s)$，考虑 $[t, s]$（而不是 $[t, 1]$）被 $[z, w]$（而不是 $[0, w]$）有规律的分割点所进行的分割，其中，$t_{n-k} = \varphi^{(-1)}\left(z + \dfrac{k(w-z)}{n}\right)$，$k = 0, 1, \cdots, n$。因此：

$$C(t_j, t_k) = \varphi^{(-1)}\left[w + \dfrac{n(n-j-k)(w-n)}{n}\right]$$

利用和性质3中类似的方法即可证。

性质5：设 u、v 是服从 (0, 1) 区间上均匀分布的随机变量，且具有联合分布函数 C (u, v)。C (u, v) 是一个阿基米德 Copula，其生成元为 $\varphi(t)$。设 $S = \dfrac{\varphi(u)}{\varphi(u) + \varphi(v)}$，$T = C(u, v)$，则 T 和 S 的联合分布函数 $H(s,t) = s K_C(t)$，其中，$K_C(t)$ 是随机变量 C (u, v) 的分布函数，其中，$K_C(t) = t - \dfrac{\varphi(t)}{\varphi'(t^+)}$，即则 T 和 S 是独立的，且 S 服从 (0, 1) 均匀分布。

证明：设 h (s, t) 为 S、T 的联合密度函数：

$$h(s,t) = \dfrac{\partial^2 C(u,v)}{\partial u \partial v} \left| \dfrac{\partial(u,v)}{\partial(s,t)} \right|$$

其中，$\left|\dfrac{\partial(u,v)}{\partial(s,t)}\right|$ 表示 u、v 对是 s、t 的雅可比行列式：

$$\left|\dfrac{\partial(u,v)}{\partial(s,t)}\right| = \begin{vmatrix} \dfrac{\partial u}{\partial s} & \dfrac{\partial v}{\partial s} \\ \dfrac{\partial u}{\partial t} & \dfrac{\partial v}{\partial t} \end{vmatrix} = -\dfrac{\varphi'(t)\varphi(t)}{\varphi'(u)\varphi'(v)}$$

而 C (u, v) 关于 u、v 的偏导数为：

$$\frac{\partial^2 C(u,v)}{\partial u \partial v} = -\frac{\varphi'(u)\varphi'(v)\varphi''[C(u,v)]}{\{\varphi'[C(u,v)]\}^3}$$

则 $h(s,t) = \dfrac{\varphi''(t)\varphi(t)}{[\varphi'(t)]^2}$，由密度函数求分布函数可得：

$$H(s,t) = \int_0^s \int_0^t \frac{\varphi''(y)\varphi(y)}{[\varphi'(y)]^2} dxdy = s\left(t - \frac{\varphi(t)}{\varphi'(t)}\right) = sK_C(t)$$

由 $H(s,t)$ 的表达式可以看出，为 $f(s)g(t)$ 的形式，因此 S 和 T 是相互独立的。又 $F_s(s) = H(s, +\infty) = sK_C(+\infty)$，因为 $K_C(t)$ 表示 $C(u,v)$ 的分布函数，有 $K_C(+\infty) = 1$，故 $F_s(s) = s$，因此 S 是服从 (0, 1) 均匀分布的。证毕。

根据阿基米德 Copula 的上述性质，T 和 S 相互独立，由于 $u = C(u, 1)$，因此 U 和 S 也是独立的，因此可以构造阿基米德 Copula 的随机模拟方法如下：

（1）生成两个独立的服从 (0, 1) 均匀分布的随机变量 u、s，不妨设 $s = \dfrac{\varphi(u)}{\varphi(u) + \varphi(v)}$；

（2）设 $C = \varphi^{-1}\left(\dfrac{\varphi(u)}{s}\right)$，由于 $\varphi(C) = \varphi(u) + \varphi(v)$，且 $s = \dfrac{\varphi(u)}{\varphi(u) + \varphi(v)}$，所以 $\varphi(C) = \dfrac{\varphi(u)}{s}$，即 $C = \varphi^{-1}\left(\dfrac{\varphi(u)}{s}\right)$；

（3）设 $v = \varphi^{-1}[\varphi(C) - \varphi(u)]$。$(u, v)$ 即为具有联合分布 $C(u, v)$ 的随机变量。

例 3.2（续） 设 (X, Y) 是具有联合分布函数 $H(x, y)$ 的二维随机变量，

$$H(x,y) = \exp\left[-(e^{-\theta x} + e^{-\theta y})^{\frac{1}{\theta}}\right]$$

其对应的 Copula 函数为 Gumbel 函数，即：

$$C(u,v) = \exp\left\{-[(-\ln u)^\theta + (-\ln v)^\theta]^{\frac{1}{\theta}}\right\}$$

阿基米德生成元为：$\varphi(t) = (-\ln t)^\theta$，$\varphi^{-1}(t) = \exp(-t^{\frac{1}{\theta}})$。因此可构造随机模拟方法如下：

(1) 生成两个独立的服从 (0, 1) 均匀分布的随机变量 u、s, 不妨设 $s = \dfrac{\varphi(u)}{\varphi(u) + \varphi(v)}$;

(2) 设 $C = \varphi^{-1} \left[\dfrac{\varphi(u)}{s} \right]$;

(3) 设 $v = \varphi^{-1} [\varphi(C) - \varphi(u)]$。(u, v) 即为具有联合分布 C (u, v) 的随机变量;

(4) 令 $x = -\ln(-\ln u)$, $y = -\ln(-\ln v)$, (x, y) 即为具有联合分布 H (x, y) 的随机变量。散点图如下, 具有明显的上尾相关性。

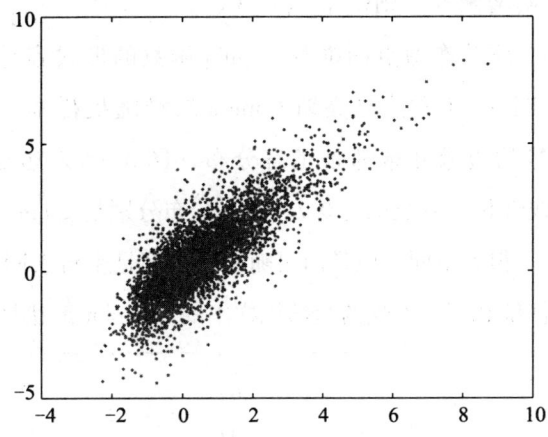

图 3-3 符合 Gumbel Copula 的 (x, y) 散点图 (参数 θ = 2)

3.4 Chi-plot 形状与 Copula 结构之间的比较

两个随机变量之间的相依结构并不是由其边缘分布函数和相关系数决定的。相同的边缘分布、相同的相关系数, 由不同的 Copula 函数联接, 得到的是不同的联合分布。事实上, 根据 Sklar 定理, 任何一个二维联合分布都可以分解为两部分: 两个边缘分布和一个 Copula 函数, 其中边缘分布描述随机变量的分布，Copula 函数描述两个变量间的相依结构，Copula 函数与边缘分布函数之间没有必然联系。由此可知，边缘分布和相关系数完全相同的两组随机变量，只要连接函数 Copula 不同，相依结构也就不同；反之，由同一个 Copula 函数连接的两组随机变量，尽管边缘分布不同，但相依结构也可能相同，这是 Copula 函数的重要性质决定的，即随机变量在严格增单调变换下，Copula 形式不发生变化，有下面定理（Nelsen，2006，theorem2.4.3）：

随机变量 X 和 Y 之间的连接 Copula 函数是 C_{XY}，α 和 β 分别是 X 和 Y 值域上的严格单调增函数，则 $C_{\alpha(X)\beta(Y)} = C_{XY}$。

所以仅仅从二维分布散点图推测 Copula 函数的形式容易受到边缘分布的干扰，例如，图 3-4 左边是高斯 Copula 二维随机样本，线性相关系数是 0.7，两个变量的边缘分布都是正态分布，图 3-5 左边也是高斯 Copula 二维随机样本，线性相关系数也是 0.7，边缘分布分别是 gamma 分布和 t 分布，散点图和图 3-4 有很大不同。但是两组随机样本都是来自于同一个参数为 0.7 的高斯 Copula，仔细观察，发现两组随机样本的 Chi-plot 形状是完全一样的。

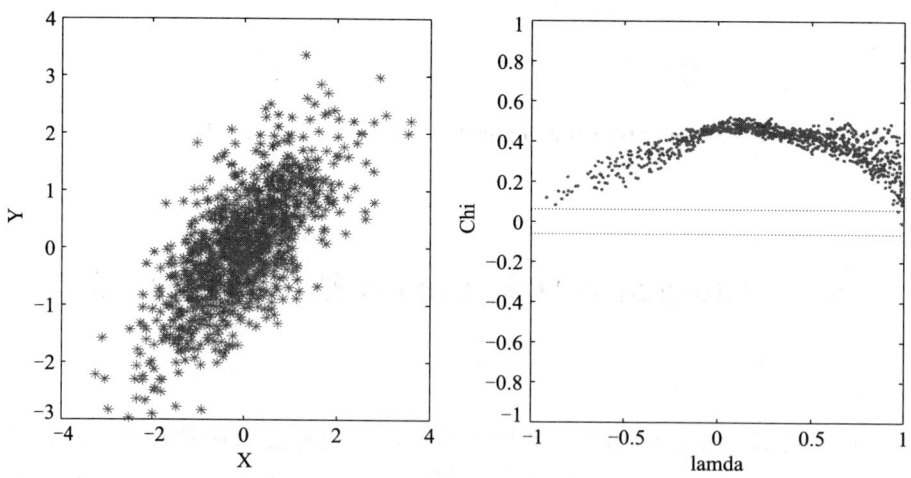

图 3-4　高斯 Copula（r=0.7，边缘分布为正态分布）
样本散点图（左）和 Chi-plot（右）

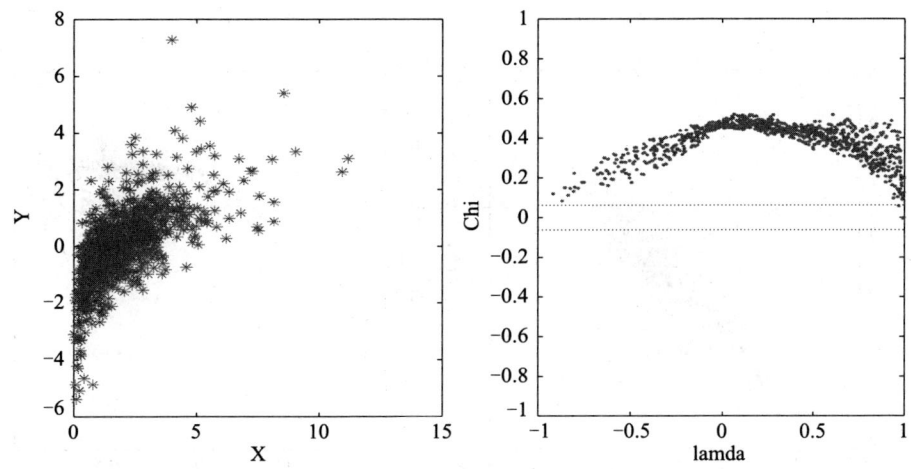

图 3-5 高斯 Copula（r = 0.7，边缘分布为 gamma 分布、t 分布）
样本散点图（左）和 Chi-plot（右）

通常我们需要将原始数据变换成秩的形式，画出秩散点图，再借助 Chi-plot 形状判断 Copula 函数的形式。将原始数据变换成秩形式的方法如下：

（1）随机变量 X 的样本为（x_1, x_2, ⋯, x_n），将样本排序得到（$x_{(1)}$, $x_{(2)}$, ⋯, $x_{(n)}$）；

（2）生成标准正态分布的随机样本（z_1, z_2, ⋯, z_n），将正态随机样本排序得到（$z_{(1)}$, $z_{(2)}$, ⋯, $z_{(n)}$）；

（3）样本 x_1 所对应的次序统计量为 $x_{(i1)}$，对应正态分布样本中的 $z_{(i1)}$，依次类推，由此得到（$z_{(i1)}$, $z_{(i2)}$, ⋯, $z_{(in)}$）即为原始样本的秩。

因此，作二维随机变量随机模拟时，只需要给出边缘分布为正态分布的散点图就足够了。图 3-6、图 3-7、图 3-8 和图 3-9 分别给出 t-Copula、Clayton Copula、Gumbel Copula 和 Frank Copula 的正态散点图和 Chi-plot。

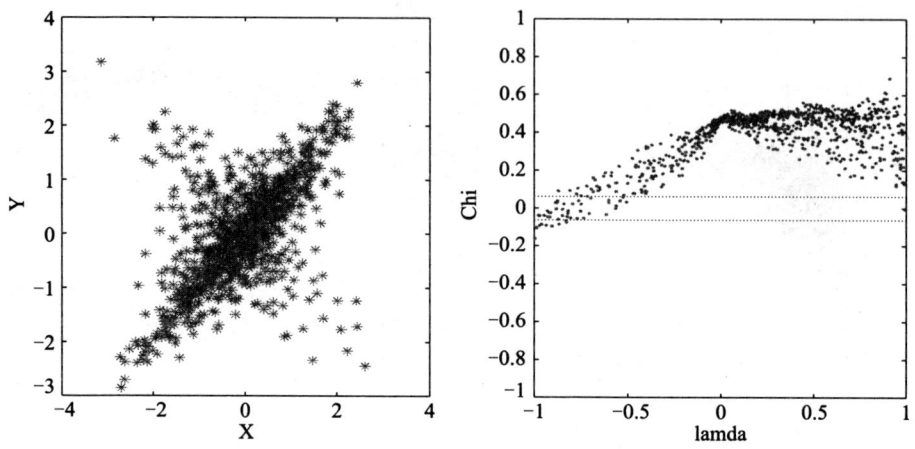

图 3-6 t-Copula（r=0.7，边缘分布为正态分布）
样本散点图（左）和 Chi-plot（右）

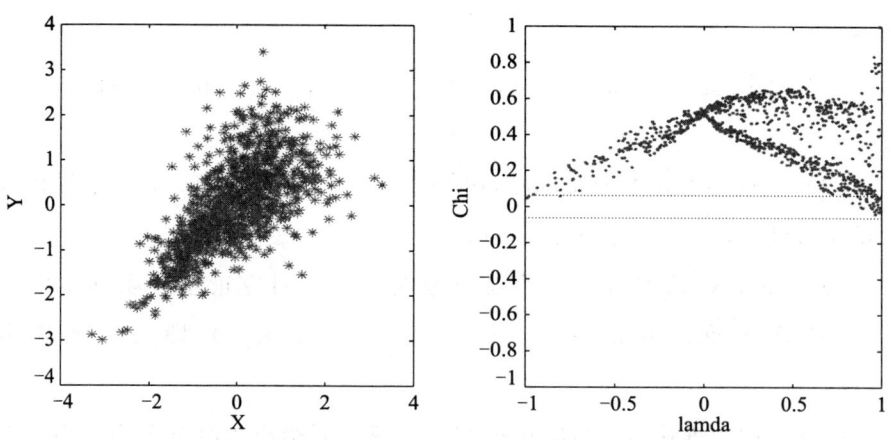

图 3-7 Clay ton Copula（r=0.7，α=1.9497）
样本散点图（左）和 Chi-plot（右）

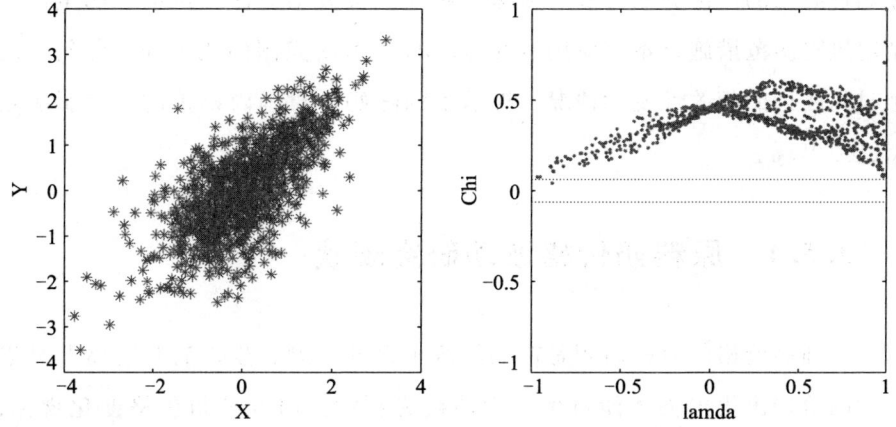

图 3-8 Gumbel Copula（r = 0.7，α = 1.9749）样本散点图（左）和 Chi-plot（右）

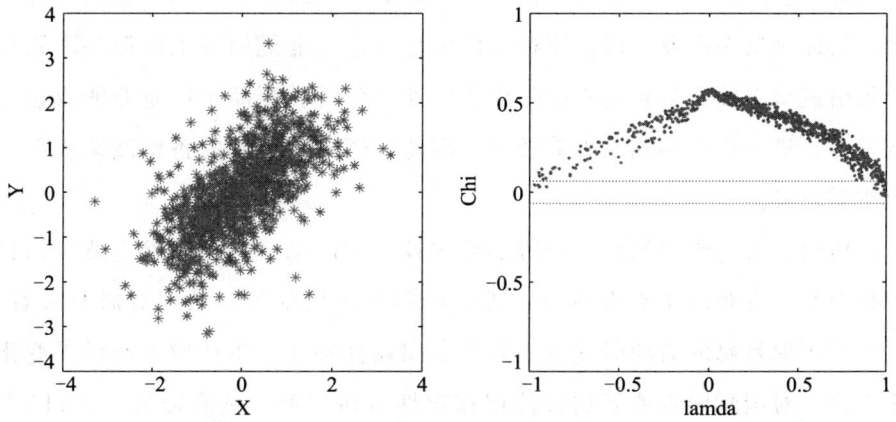

图 3-9 Frank Copula（r = 0.7，α = 5.6218）样本散点图（左）和 Chi-plot（右）

3.5 Copula 模型应用案例

过去 20 年我国原料奶价格处于上升通道中，价格波动风险在高速增长的掩盖下被人为忽视。随着奶牛产业逐步趋于成熟，国内原料奶价格受国际奶价波动的冲击影响突显。为深入研究奶价波动规律，帮助牛奶生产者制定风险防范措施，本节应用时变 Copula 模型研究国内奶价和国际奶价两个时间序列的相关性变动情况，揭示了国际奶价对国内奶价的冲击影响拐点已经出现。

3.5.1 原料奶价格波动研究现状

对商品价格的分析研判是市场经济永恒的主题，生产者只有将产品以合适的价格出售出去才能将生产力转换为利润。研究分析价格变化规律，进而预测价格的趋势变动，最终如果能采取措施将不可预测的价格变动风险规避掉，生产者就可以安心搞生产，提高产品质量，获取稳定的合理利润。具体到奶牛产业来说，原料奶价格稳定是奶业健康发展的源头。原料奶价格波动直接影响到奶农的生产积极性，会对乳制品生产企业的效益造成冲击，进一步影响到广大消费者。因此，研究原料奶的价格波动规律具有重要意义。

历史上我国原料奶价格经历了数次较大的波动，影响因素主要有饲料价格上涨、乳企加工企业压价、进口奶粉大幅增加等。从现有研究来看，关于我国原料奶的波动研究主要集中在周期性特征、生产成本和供需变化等方面，对国际因素的影响仅停留在定性分析层面。钱贵霞等（2011）[1]应用 Census12 季节调整方法和 H－P 滤波方法分析了我国鲜奶价格的变动规律，研究表明我国鲜奶零售价格自 2000 年以来经历 4 个较明显的周期，平均周期长度为四年。张利库等（2011）[2]认为原料奶价格自 20 世纪 90 年代以来经历了 4 次较大波动，分析指出社会制度变革、进口冲击、饲料成本上涨、三聚氰胺事件等是造成奶价波动的主要原因。李胜利（2014）[3]指出 2013 年是我国奶牛养殖业结构调整的关键一年，奶牛存栏量和牛奶产量均大幅下降，原料奶需求旺盛，价格涨幅明显。刘芳等（2013）[4]对北京市的乳制品价格波动进行了研究，应用脉冲响应函数和方差分析的方法从产业链的角度深入分析了乳制品价格的传导机制。陈立军（2014）[5]从国内国际多个角度分析了2013年奶价上涨原因和2014奶价下降原因，指出中国乳业体系还不成熟。关于我国原料奶价格波动的现有研究文献中尚未考虑国际因素。

随着中国乳企走出去进行全球化布局，国内进口乳制品逐年增加，我国乳业与全球的融合度逐年提高。影响我国的原料奶价格波动的因素已经不仅仅局限于国内，国际因素不容忽视。本节将应用时变Copula模型，分析我国原料奶价格受国际因素影响的变化趋势。

3.5.2　我国原料奶价格的波动特征

目前，我国奶牛产业已逐渐趋于成熟。2000年至2005年是高速增长阶段，奶牛存栏量年均复合增长率为8.25%，牛奶产量年均复合增长率达到27.2%；2005年之后奶牛存栏量的增速放缓，年均复合增长率仅4%；截至2010年牛奶产量和奶牛存栏数正式进入低速增长阶段，两者的年均复合增长率均在1%左右，见图3-10。

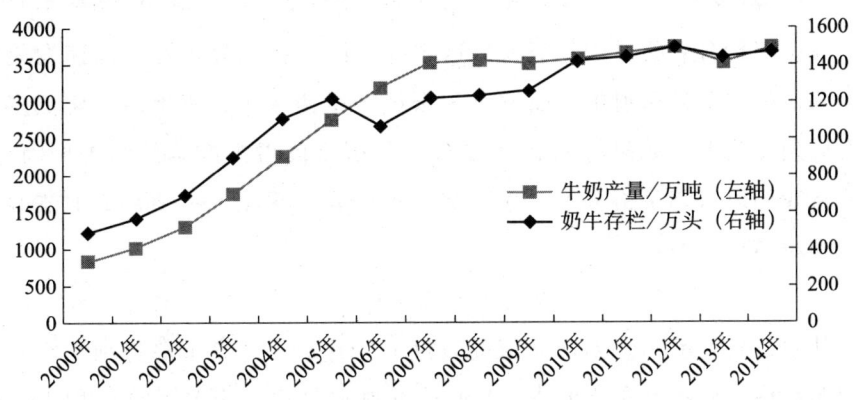

图3-10　2000~2014年全国牛奶产量和奶牛存栏数

2000年至今我国主产区原料奶平均价格总体趋势上涨，期间经历两次比较大的波动。牛奶主产区是指黑龙江省、辽宁省、内蒙古自治区、河北省、山西省、河南省、山东省、新疆维吾尔自治区、陕西省、宁夏省十个省份。尽管两次奶价波动有我国自身的内在因素，如2008年的三鹿奶粉事件造成奶价大幅下跌，但这两次大幅波动同时也受到国际奶价波动周期影响。我国进口奶制品大部分来自大洋洲，进口产品中又主要以奶粉为主，因此我们以大洋洲脱脂奶粉离岸价作为国际奶价的替代。从图3-11中可看出，大洋洲脱脂奶粉离岸价的震荡幅度和波动频率均大于我国奶价波动。

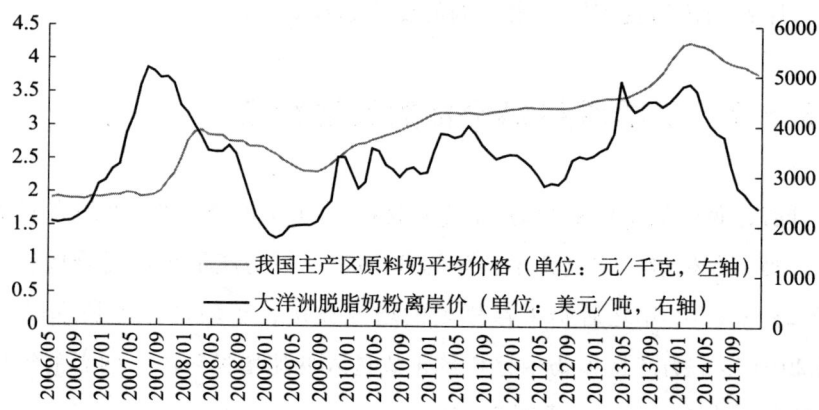

图3-11　2006.5~2014.12年我国主产区原料奶价格和大洋洲脱脂奶粉离岸价对比

我国奶价含有明显的趋势项，这主要是因为我国处于经济高速发展阶段，奶价处于上升通道中，而发达国家经济增速缓慢，奶价的变化更多体现在周期变化上。如果将两者直接对比分析难以得出准确的结果。因此，需要将我国原料奶价格分解，剔除趋势性因素。采用CensusX12季节调整中的乘法模型，即：

$$Y_t = T_t \times C_t \times S_t \times I_t$$

其中，Y_t表示一个无奇异值的月度时间序列，T_t表示趋势项，C_t表示周期循环项，S_t表示季节要素，I_t表示不规则要素。相关运算应用Eviews软件进行，剔除趋势项后的原料奶价格和进口奶粉价格对比见图3-12。可以发现，我国原料奶价格和大洋洲进口奶粉价格有较大相关性，线性相关系数为0.18，前期（2006~2009年）约滞后国际奶价一到两个月，最近几年的变化趋势则趋于一致。

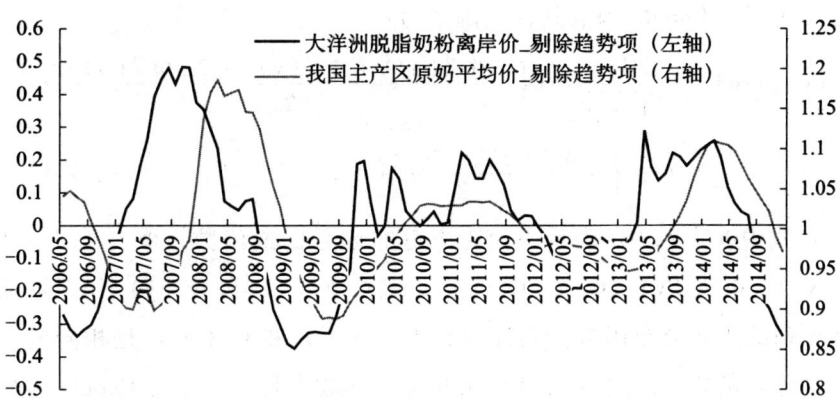

图 3-12　2006~2014 年剔除趋势项后的我国原料奶价格和大洋洲奶粉价格对比

3.5.3　建立时变 Copula 模型

　　Copula 是连接两个或多个边缘分布的函数，对边缘分布没有任何限制，可以全面、细致地刻画多变量之间的相关结构。Copula 模型广泛应用于时间序列相关性分析，其中描述相关关系变化的动态 Copula 模型可用于检测金融危机的传染性[6]。我们可用动态 Copula 模型建立国内原料奶价格序列和国际奶制品价格序列的时变相关系数动态方程，观察国际奶制品价格对我国原料奶价格的渗透影响。

　　常用的时变相关 Copula 模型有二元正态 Copula 模型和二元 Joe-Clayton Copula 模型。后者侧重于尾部相关系数的动态变化。为反映奶价序列间的动态相关关系，这里选取二元正态 Copula 函数作为连接函数。需要注意的是，二元正态 Copula 函数并不要求两个时间序列分别服从正态分布，只是用正态密度函数连接两个时间序列的边缘分布。由于本研究并不涉及外推预测，无须确定时间序列服从什么概率分布。下面的实证分析时，将应用经验分布函数分别拟合我国原料奶价格时间序列和大洋洲奶粉价格时间序列。所谓经验分布函数是指依据样本数据以频率估计概率的方式得到的实际分布函数的一个逼近。

二元正态 Copula 函数其密度函数为：

$$c(u,v;\rho) = \frac{1}{\sqrt{1-\rho^2}} \exp\left\{-\frac{\Phi^{-1}(u)^2 + \Phi^{-1}(v)^2 - 2\rho\Phi^{-1}(u)\Phi^{-1}(v)}{2(1-\rho^2)}\right\}$$

$$\exp\left\{-\frac{\Phi^{-1}(u)^2 \cdot \Phi^{-1}(v)^2}{2}\right\} \quad (3.1)$$

(3.1) 式中 $\Phi^{-1}(\cdot)$ 表示一元正态分布函数的逆函数，$\Phi^{-1}(u) = \Phi^{-1}(F(x))$，$\Phi^{-1}(v) = \Phi^{-1}(G(y))$，其中 $F(x)$ 和 $G(y)$ 分别是两个时间序列的边缘分布函数。实证研究中 $F(\cdot)$ 和 $G(\cdot)$ 是相同的，都是经验分布函数，$\rho \in (-1, 1)$ 为相关性参数，是二元正态 Copula 函数的唯一参数，并且恰好是 $\Phi^{-1}(u)$ 和 $\Phi^{-1}(v)$ 的线性相关系数。这里假设 ρ 是时变的，ρ_t 可以用一个类似于 ARMA (1, N) 的过程来描述：

$$\rho_t = \tilde{\Lambda}\left\{\omega_\rho + \beta_\rho \rho_{t-1} + \alpha_\rho \frac{1}{N}\sum_{i=1}^{N}\Phi^{-1}(u_{t-i})\Phi^{-1}(v_{t-i})\right\} \quad (3.2)$$

其中，$\tilde{\Lambda}(x) = \frac{1-e^{-x}}{1+e^{-x}}$，这样能确保 ρ_t 始终处于 $(-1, 1)$ 区间内。一阶滞后变量 ρ_{t-1} 用于捕捉到相关性参数的持续性，而滞后 N 阶的观测值的转换变量 $\Phi^{-1}(u_{t-i})$ 和 $\Phi^{-1}(v_{t-i})$ 的乘积之和的均值可以捕捉到相关性的阶段性变化。因此 (3.2) 式可以用于捕捉序列间时变的相关关系。

方程中的参数估计可以用极大似然法，滞后阶数 N 通常根据分析数据的特性用经验法来确定。下面的实证分析中令 N 等于 12，即考察过去一年 12 个月的相关性变动情况。将 ρ_t 代入二元正态 Copula 密度函数，可以构建极大似然函数 $Q = \prod_{t=1}^{N} c(u, v; \rho_t)$，消除和 ρ_t 无关的项后，得到对数似然函数如下：

$$Ln(Q) = -\frac{1}{2}\sum_{t=1}^{N}\left\{\ln(1-\rho_t^2) + \frac{\Phi^{-1}(u)^2 + \Phi^{-1}(v)^2 - 2\rho\Phi^{-1}(u)\Phi^{-1}(v)}{1-\rho_t^2}\right\}$$

$$(3.3)$$

将 ρ_t 的公式代入上式，然后把观测样本数据代入上式，应用 excel 中的规划求解，求 Ln（Q）的最大值，即可得到（3.2）式中的各个参数值，进而得到时变相关系数序列 ρ_t。

3.5.4 数据分析

根据数据的可获得性，价格时间序列的选取范围为从 2006 年 5 月至 2014 年 12 月，数据来源为《中国奶业年鉴 2012》《中国奶业年鉴 2013》和 Wind 资讯。

具体实证步骤分为三步：第一步将我国原料奶价格和大洋洲奶粉价格序列进行分解，应用 Eviews 软件中的 CensusX12 模型及 H-P 滤波方法，得到趋势项，用原时间序列除以对应的趋势项数值，即可得到剔除趋势项后的时间序列；第二步，估计剔除趋势项后的时间序列的经验分布，应用 Matlab 软件的 ecdf 函数得到经验分布函数值，然后用 norminv 函数求解经验分布函数值的一元正态分布逆函数值，即（3.3）式中的 Φ^{-1}（u）和 Φ^{-1}（v）；第三步，估计公式（2）中的各个参数，应用 excel 中的规划求解模块，得到的各个参数值分别为：$\omega_p = 0.025$，$\beta_p = 2.37$，$\alpha_p = -0.45$，极大似然函授的值为 -172.83，时变相关系数序列 ρ_t 的值见图 3-10。

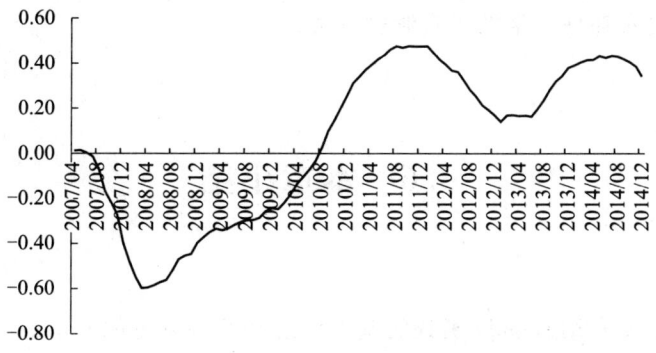

图 3-13 我国原料奶价格和大洋洲奶粉价格的时变相关系数曲线

实证结果显示，国际奶价（以大洋洲脱脂奶粉离岸价为参考依据）对我国原料奶价格的影响逐渐增强。2008 年我国原料奶价格和国际奶价脱轨，呈现出负相关的现象，主要是由于国内发生的"三聚氰胺"事件所致。2011 年至 2014 年我国原料奶价格和国际奶价的时变相关系数基本上在（0.2，0.5）区间。从回归分析的角度来看，我国导致原料奶价价格波动的因素中大约有 20% 至 50% 来自于国际奶价的波动。

3.5.5 小结

2014 年我国人均牛奶消费量只有世界平均水平的 1/3，随着人民生活水平的提高，未来牛奶产量和价格仍将保持向上的趋势。但是应该注意到我国牛奶产量高速增长的阶段已经结束，牛奶价格拐点已现。在乳制品进口量年年大幅增长的背景下，我国原料奶的价格受国际奶价的冲击将越来越显著，某些时期内国内奶价和国际价格相关性已达到 50% 以上。2015 年 1 月至 6 月进口奶粉价格未见有起色，最低跌到每吨 2000 美元。由此推测，国内原料奶价格仍将持续低迷一段时间。因此，国家有关部门在监测国内牛奶主产区奶价的同时，还应建立国际奶价监测体系。当国内外奶价出现联动、大幅下跌时，应出台相应措施，适当限制原奶及乳制品进口数量，提高奶农补贴，帮助奶农渡过难关。

3.6 本章小结

本章主要介绍 Copula 函数的基本概念和几种常见的 Copula 类型，如椭圆族 Copula、阿基米德 Copula、经验 Copula 和极值 Copula。重点介绍 Copula 随机变量的模拟方法，常见 Copula 函数的随机模拟方法可以直接调用统计软件中的函数，并对 Copula 函数随机模拟方法作进一步探讨，包括一般 Copula 函数的随机模拟、阿基米德 Copula 的随机模拟、基于 S 函数下的阿基米德 Copula 随机模拟，对每种方法都通过举例详细介绍具体步骤，绘制散点图。随机模拟为进一步了解相关 Copula 函数的相关性质提供了有力工具，例如随机模拟 Copula 函数的散点图，通过绘制 Chi-plot 可以大致观察 Copula 相关性结构。最后针对原料奶价格波动建立 Copula 模型，显示 Copula 在实践应用的强大功能。

第 4 章

相关性信息对 Copula 界的收窄作用

第 4 章 相关性信息对 Copula 界的收窄作用

本章首先对 Copula 界的研究成果进行总结归纳，然后在前人研究成果的基础上，利用 Gini 相关系数推导出一个新的 Copula 界，见定理3.3。最后对相关性和 Copula 函数的关系进行分析说明，列举了四类常见的误区，针对每一个误区都给出具体例子予以说明。

4.1 Frechet-Hoeffding 界

二元 Copula 函数 C 是 $I^2 \to I$（$I = [0, 1]$）的二元函数，并且满足下列条件：

(1) 对于 $\forall t \in I$，$C(t, 0) = C(0, t) = 0$，并且 $C(t, 1) = C(1, t) = t$；

(2) C 在 I^2 上是 2-增长（2-increasing）的，即：

对于 $\forall u_1, u_2, v_1, v_2 \in I$，$u_1 \leq u_2$，$v_1 \leq v_2$ 有：

$$C(u_2, v_2) - C(u_2, v_1) - C(u_1, v_2) + C(u_1, v_1) \geq 0$$

由上述定义容易得到二元 Copula 函数 C 的上下界：

$$\max(u + v - 1, 0) \leq C(u, v) \leq \min(u, v) \text{ 对于 } \forall (u, v) \in I$$

记 $W = \max(u + v - 1, 0)$，$M = \min(u, v)$，则：

$$W(u, v) \leq C(u, v) \leq M(u, v) \; \forall (u, v) \in I$$

这是 Frechet-Hoeffding 不等式的 Copula 表达形式，上界 $M(u, v)$ 和下界 $W(u, v)$ 也是 Copula 函数，也就是说在不知道关于 u 和 v 任何额外信息的情况下，$C(u, v)$ 的最优边界就是 $W(u, v)$ 和 $M(u, v)$。

4.2 已知 C(a, b) = theta 时的 Copula 界

如果我们已知 C 在某个点 (a, b) 的取值，那么 C (u, v) 的最优边

界应该可以进一步收窄，事实上有如下的定理（Nelsen，1999）：

定理4.1：设 C 是任意一个二元 Copula 函数，已知 C（a，b）= θ，其中（a，b）$\in I^2$，显然 W（a，b）$\leq \theta \leq$ M（a，b），那么，$\underline{C}_{(a,b),\theta}$（u，v）$\leq$ C（u，v）$\leq \overline{C}_{(a,b),\theta}$（u，v）。其中：

$$\underline{C}_{(a,b),\theta}(u,v) = max(0, u+v-1, \theta-(a-u)^+ - (b-v)^+)$$

$$\overline{C}_{(a,b),\theta}(u,v) = min(u, v, \theta+(u-a)^+ + (v-b)^+)$$

$\underline{C}_{(a,b),\theta}$（u，v）和 $\overline{C}_{(a,b),\theta}$（u，v）也是 Copula 函数。符号"+"表示 $x^+ = max$（0，x）。

将 $\underline{C}_{(a,b),\theta}$（u，v）和 $\overline{C}_{(a,b),\theta}$（u，v）写成分段函数的形式（在下面定理 4.3 的证明中将会用到）：

$$\underline{C}_{(a,b),\theta}(u,v) = \begin{cases} max(0, u-a+v-b+\theta) & (u,v) \in [0,a] \times [0,b] \\ max(0, u+v-1, u-a+\theta) & (u,v) \in [0,a] \times [b,1] \\ max(0, u+v-1, v-b+\theta) & (u,v) \in [a,1] \times [0,b] \\ max(\theta, u+v-1) & (u,v) \in [a,1] \times [b,1] \end{cases}$$

$$\overline{C}_{(a,b),\theta}(u,v) = \begin{cases} min(u, v, \theta) & (u,v) \in [0,a] \times [0,b] \\ min(u, v-b+\theta) & (u,v) \in [0,a] \times [b,1] \\ min(v, u-a+\theta) & (u,v) \in [a,1] \times [0,b] \\ min(u, v, u-a+v-b+\theta) & (u,v) \in [a,1] \times [b,1] \end{cases}$$

Rodriguez-Lallena（2004）研究了多元情况下，已知 Copula 函数在某点处的值时 Copula 函数的界，这里就暂不详述了。

4.3 已知相关系数时的 Copula 界

随机变量的相关性是概率统计中研究最为广泛的课题之一。如果已知

C 的相关性信息，通过上面的定理可以证明 Copula 界也可以进一步收窄。Nelsen 等在这方面做了大量的工作（Nelsen 1999，2001，2004b，Kass，2009）。下面是对已有研究成果的一个总结和作者推导出的一个 Copula 界，即定理 4.3。

令 T_t 表示 Kendall τ 相关系数为 t 的 Copula 集，即 $T_t = \{C \mid \tau(C) = t\}$，令 $\overline{T}_t$ 和 $\underline{T}_t$ 分别表示 T_t 的上确界和下确界，即对任意的 $(u,v) \in I^2$：

$$\overline{T}_t(u,v) = \sup\{C(u,v) \mid C \in T_t\},$$

$$\underline{T}_t(u,v) = \inf\{C(u,v) \mid C \in T_t\},$$

类似的，可定义 $P_t = \{C \mid \rho(C) = t\}$ 表示 Spearman ρ 相关系数为 t 的 Copula 集，其上下确界分别为：

$$\overline{P}_t(u,v) = \sup\{C(u,v) \mid C \in P_t\},$$

$$\underline{P}_t(u,v) = \inf\{C(u,v) \mid C \in P_t\}。$$

定义 $B_t = \{C \mid \beta(C) = t\}$ 表示 Blomqvist β 相关系数为 t 的 Copula 集，其上下确界分别为：

$$\overline{B}_t(u,v) = \sup\{C(u,v) \mid C \in B_t\},$$

$$\underline{B}_t(u,v) = \inf\{C(u,v) \mid C \in B_t\}。$$

定理 4.2：令 T_t、P_t、B_t 分别表示 Kendall τ、Spearman ρ、Blomqvist β 相关系数为 t 的 Copula 集，其上下界有如下表达式：

$$\underline{T}_t(u,v) = \max\left\{W(u,v), \frac{1}{2}\left[(u+v) - \sqrt{(u+v)^2 + 1 - t}\right]\right\},$$

$$\overline{T}_t(u,v) = \min\left\{M(u,v), \frac{1}{2}\left[(u+v-1) + \sqrt{(u+v-1)^2 + 1 + t}\right]\right\},$$

$$\underline{P}_t(u,v) = \max\left[W(u,v), \frac{u+v}{2} - p(u-v, 1-t)\right],$$

$$\overline{P}_t(u,v) = \min\left[M(u,v), \frac{u+v-1}{2} + p(u+v-1, 1+t)\right],$$

$$\underline{B}_t(u,v) = \max\left[W(u,v), \frac{t+1}{4} - \left(\frac{1}{2} - u\right)^+ - \left(\frac{1}{2} - v\right)^+\right],$$

$$\overline{B}_t(u,v) = \min\left[M(u,v), \frac{t+1}{4} + \left(u - \frac{1}{2}\right)^+ + \left(v - \frac{1}{2}\right)^+\right],$$

其中：

$$p(a,b) = \frac{1}{6}\left[(9b + 3\sqrt{9b^2 - 3a^6})^{1/3} + (9b - 3\sqrt{9b^2 - 3a^6})^{1/3}\right],$$

Copula 的每一个界 $\underline{T}_t$、$\overline{T}_t$、$\underline{P}_t$、$\overline{P}_t$、$\underline{B}_t$、$\overline{B}_t$ 都是 Copula。

上面定理给出了已知 Kendall τ、Spearman ρ、Blomqvist β 等相关信息时，Copula 集的最优上下界。那么，已知 Gini 相关系数，Copula 的上下界是否也可以进一步收窄呢？

对于给定的 Gini 相关系数 $\gamma = r$, $r \in [-1, 1]$，Gini 相关系数为 r 的 Copula 函数集合记为：

$$G_r = \{C \mid C \text{ 是 copula 函数}, \gamma(C) = r\}$$

令 $\underline{G}_r$ 和 $\overline{G}_r$ 分别表示 G_r 的下确界和上确界，则对于任意 $(u,v) \in I^2$：

$$\underline{G}_r(u,v) = \inf\{C(u,v) \mid C \in G_r\}$$

$$\overline{G}_r(u,v) = \sup\{C(u,v) \mid C \in G_r\}$$

定理 4.3（王惠惠 2012）：设 $\overline{G}_r$ 表示 G_r 的上确界，$r \in [-0.25, 1]$，则对于任意的 $(u,v) \in I^2$，$\overline{G}_r(u,v) = \min\left(u, v, \max\left[\frac{2u - 1 + \sqrt{(2u-1)^2 + \frac{2}{3}(4r-1)}}{2}, \frac{2v - 1 + \sqrt{(2v-1)^2 + \frac{2}{3}(4r-1)}}{2}\right]\right)$ 在证明定理 4.3 前先介绍两个引理：

定理 4.4 设 (X_1, Y_1) 和 (X_2, Y_2) 是相互独立的连续随机向量，X_1 和 X_2 具有相同的分布函数 F，Y_1 和 Y_2 具有相同的分布函数 G。C_1 和 C_2 分别是 (X_1, Y_1) 和 (X_2, Y_2) 的 Copula 函数，设：

$$Q = P[(X_1 - X_2)(Y_1 - Y_2) > 0] - P[(X_1 - X_2)(Y_1 - Y_2) < 0],$$
$$u = F(x), \quad v = G(y),$$

则有：

$$Q = Q(C_1, C_2) = 4\iint_{I^2} C_2(u,v)dC_1(u,v) - 1$$

且：

(1) Q 是对称的，即 Q (C_1, C_2) = Q (C_2, C_1)；

(2) Q 是非递减的，即若对 $\forall (u, v) \in I^2$，若

$$C_1(u, v) \leq C_1'(u, v), C_2(u, v) \leq C_2'(u, v),$$

则有：

$$Q(C_1, C_2) \leq Q(C_1', C_2')。$$

定理 4.5 设 X 和 Y 是连续随机变量，其 Copula 函数为 C，则 X 和 Y 的 Gini 相关系数 $\gamma_{X,Y}$（也记为 γ_C）：

$$\gamma_{X,Y} = \gamma_C = Q(C, M) + Q(C, W)$$
$$= 4\left[\int_0^1 C(u, 1-u)du + \int_0^1 C(u,u)du\right] - 2$$

其中，M 和 W 分别为 Copula 函数 C 的 Frechet-Hoeffding 上界和下界。

下面证明定理 4.3。

证明：对任意的 $(a, b) \in I^2$，不妨设 $b \leq a$。由上式可知，Gini 相关系数 γ 只和 a 有关。假设 $C \in G_r$，$C(a, a) = \theta$，则 $max(0, 2a-1) \leq \theta \leq a$。

当 $a \leq 1/2$ 时，由上式对 $\underline{C}_{(a,a),\theta}(u, v)$ 分部积分得：

$$\gamma(\underline{C}_{(a,a),\theta}) = \begin{cases} \dfrac{\theta^2}{4} & (u,v) \in [0,a] \times [0,a] \\ \dfrac{\theta^2}{2} & (u,v) \in [0,a] \times [a,1] \\ \dfrac{\theta^2}{2} & (u,v) \in [a,1] \times [0,a] \\ \dfrac{1}{4}(1-\theta^2) + \dfrac{1}{2}\theta(1+\theta-2a) + \theta(1-2a) & (u,v) \in [a,1] \times [a,1] \end{cases}$$

求和得：

$$\gamma(\underline{C}_{(a,a),\theta}) = \frac{1}{4} + \frac{3}{2}\theta(1+\theta-2a)$$

当 a > 1/2 时，由 (3.1) 式对 $\underline{C}_{(a,a),\theta}(u,v)$ 分部积分得

$$\gamma(\underline{C}_{(a,a),\theta}) = \begin{cases} \dfrac{\theta^2}{4} + (2a-1)(1-2a+\theta) & (u,v) \in [0,a] \times [0,a] \\ \dfrac{1}{2}(1-2a+\theta)^2 & (u,v) \in [0,a] \times [a,1] \\ \dfrac{1}{2}(1-2a+\theta)^2 & (u,v) \in [a,1] \times [0,a] \\ \dfrac{1}{4}(1-\theta^2) + \dfrac{1}{2}\theta(1+\theta-2a) & (u,v) \in [a,1] \times [a,1] \end{cases}$$

求和得：

$$\gamma(\underline{C}_{(a,a),\theta}) = \frac{1}{4} + \frac{3}{2}\theta(1+\theta-2a)$$

因此，对 $a \in I$，有：

$$\gamma(\underline{C}_{(a,a),\theta}) = \frac{1}{4} + \frac{3}{2}\theta(1+\theta-2a)$$

因为 $\underline{C}_{(a,a),\theta} \leq C$，由定理 3.4 和定理 3.5，可知 $\gamma(\overline{C}_{(a,a),\theta}) \leq \gamma(C)$，即：

$$\frac{1}{4} + \frac{3}{2}\theta(1+\theta-2a) \leq r$$

令 λ 表示一元二次方程 $\dfrac{1}{4} + \dfrac{3}{2}\lambda(1+\lambda-2a) = r$ 的非负根，当 $r \geq 0.25$ 时，

$$\lambda = \frac{2a-1 + \sqrt{(2a-1)^2 - \dfrac{2}{3}(1-4r)}}{2}$$

易知 $\lambda \geq \theta$，所以：

$C(a,b) \leq C(a,a) \leq \min(a,\lambda)$，即 $\overline{G}_r(a,b) \leq \min(a,\lambda)$

同理，若 $a \leq b$，$C(a,b) \leq C(b,b) \leq \min(b,\lambda')$，其中：

$$\lambda' = \frac{2b-1 + \sqrt{(2b-1)^2 - \dfrac{2}{3}(1-4r)}}{2}$$

所以 $\overline{G}_r(a, b) \leq \min[a, b, \max(\lambda, \lambda')]$。

为了证明 $\overline{G}_r(a, b) = \min[a, b, \max(\lambda, \lambda')]$，还需要证明存在一个 Copula 函数 $C \in G_r$，满足 $C(a, b) = \min[a, b, \max(\lambda, \lambda')]$。

假设 $b \leq a$，若 $\lambda \leq b$，则 $\underline{C}_{(a,a),\lambda}(a, a) = \lambda$，且 $\gamma[\underline{C}_{(a,a),\lambda}] = r$，所以 $\underline{C}_{(a,a),\lambda} \in \overline{G}_r$。若 $\lambda \geq b$，令 $C_\alpha = \alpha M + (1-\alpha)\underline{C}_{(a,a),b}$，则：

$$\gamma(C_1) = \gamma(M) = 4\left(\int_0^1 \min(u, 1-u)du + \int_0^1 \min(u, u)du\right) - 2 = 1,$$

$$\gamma(C_0) = \gamma(\underline{C}_{(a,a),b}) = \frac{1}{4} + \frac{3}{2}b(1 + b - 2a)$$

$$\leq \frac{1}{4} + \frac{3}{2}\lambda(1 + \lambda - 2a) = \gamma(C)$$

上式中的不等关系是因为函数 $f(x) = \frac{1}{4} + \frac{3}{2}x(1 + x - 2a)$ 在 $x \geq (2a-1)/2$ 时是递增的，而 $\lambda \geq b \geq \max(a + a - 1, 0) \geq (2a-1)/2$。所以 $\gamma(C_0) \leq r = \gamma(C) \leq \gamma(C_1)$，存在一个 α 使得 $\gamma(C_\alpha) = r$。

$b > a$ 时的情况同理可证。

定理得证。

4.4 已知多个相关信息时的 Copula 界

其称两个随机变量 X 和 Y 是正象限相依的（Positively quadrant dependent, PQD），如果对任意的 $(x, y) \in R^2$，$P[X \leq x, Y \leq y] \geq P[X \leq x]P[Y \leq y]$。容易发现，正象限相依的条件等价于 $P[Y \leq y | X \leq x] \geq P[Y \leq y]$。

如果随机变量 X 和 Y 是连续的，容易证明 $C(u, v) \geq \Pi(u, v)$。

下面的定理总结了已知两个相关性信息时的 Copula 界，详细证明见 Kaas（2009）。

4.4.1 正象限相依且 C(a,b) = theta 时的 Copula 界

如果已知 Copula 函数 C 是正象限相依的，定理 4.1 中的下界可以得到进一步的收窄，即：

$$C(u,v) \geq \begin{cases} \max(uv, u-a+v-b+\theta) & (u,v) \in [0,a] \times [0,b] \\ \max(uv, u-a+\theta) & (u,v) \in [0,a] \times [b,1] \\ \max(uv, v-b+\theta) & (u,v) \in [a,1] \times [0,b] \\ \max(uv, \theta) & (u,v) \in [a,1] \times [b,1] \end{cases}$$

4.4.2 正象限相依且已知 Kendal 相关系数时的 Copula 界

定理 4.6：已知 C 是一个 Copula 函数，假设 $\tau(C) = t \geq 0$ 且 $C \geq \Pi$，那么对于任意的 $(u,v) \in [0,1]^2$，有：

$$C(u,v) \geq \underline{C}_{PQD,\tau}(u,v),$$

其中：

$$\underline{C}_{PQD,\tau}(u,v) = \max\left[uv, \frac{1}{2}\left(u+v-\sqrt{(u-v)^2+1-t}\right)\right],$$

且 $\underline{C}_{PQD,\tau}$ 是最优下界，也是 Copula 函数。

4.4.3 正象限相依且已知 Spearman 相关系数时的 Copula 界

定理 4.7：已知 C 是一个 Copula 函数，假设 $\rho(C) = p \geq 0$ 且 $C \geq \Pi$，那么对于任意的 $(u,v) \in [0,1]^2$，有：

$$C(u,v) \geq \underline{C}_{PQD,\rho}(u,v),$$

其中：

$$\underline{C}_{PQD,\rho}(u,v) = \max\left\{uv, \frac{1}{2}[u+v-\varphi(u,v,p)]\right\},$$

$$\varphi(u,v,p) = \frac{1}{3}\{[9(1-\rho)+3\sqrt{9(1-\rho)^2-3(u-v)^6}]^{1/3} + [9(1-\rho)$$
$$+3\sqrt{9(1-\rho)^2-3(u-v)^6}]^{1/3}\}$$

并且 $\underline{C}_{PQD,\rho}$ 是最优下界,也是 Copula 函数。

4.4.4 正象限相依且已知 Blomqvist 相关系数时的 Copula 界

定理 4.8:已知 C 是一个 Copula 函数,假设 $\beta(C)=b\geq 0$ 且 $C\geq\Pi$,那么对于任意的 $(u,v)\in[0,1]^2$,有:
$$C(u,v)\geq\underline{C}_{PQD,\beta}(u,v),$$

其中:
$$\underline{C}_{PQD,\beta}(u,v) = \max\left[uv, \frac{b+1}{4}-\left(\frac{1}{2}-u\right)^+-\left(\frac{1}{2}-v\right)^+\right]$$

$\underline{C}_{PQD,\beta}(u,v)$ 不是 Copula 函数。

4.4.5 已知 Blomqvist 相关系数和 Kendal 相关系数时的 Copula 界

定理 4.9:已知 C 是一个 Copula 函数,假设 $\tau(C)=t$ 且 $\beta(C)=4C\left(\frac{1}{2},\frac{1}{2}\right)-1=b$,那么对于任意的 $(u,v)\in\left[\frac{1}{2},1\right]^2$,有:
$$C(u,v)\geq\underline{C}_{\tau,\beta}(u,v),$$

其中:
$$\underline{C}_{\tau,\beta}(u,v) = \max\left[u+v-1, \frac{b+1}{4}, \sqrt{(u-v)^2-t+(b+1)\left(1-\frac{b+1}{4}\right)}\right]$$

4.5 相关性和 Copula 函数在应用中的几个误区

4.5.1 误区一

误区一：如果两个连续随机变量 X 和 Y 是正象限相依的，那么 X 和 Y 的 Kendall τ 相关系数一定大于 0。反过来，如果 τ>0，X 和 Y 是正象限相依的。

用 Copula 函数表示，设 C 是连接连续随机变量 X 和 Y 的边缘分布 u 和 v 的 Copula 函数，$C \geq \Pi$ 可推出 τ(C)≥0，但由 τ(C)≥0 不能推出 $C \geq \Pi$。因为有些 Copula 函数和 Π 不能直接进行比较。有文献（王爱莉，2004）认为：对任意的 u_1, $u_2 \in [0,1]$，$C_1(u_1, u_2) \leq C_2(u_1, u_2)$ 当且仅当 $\tau(C_1) \leq \tau(C_2)$ 是不恰当的。下面的例子可以说明这个问题。

例 4.1：圆周均匀分布，设 (X, Y) 是随机分布在单位圆周上的点，X = cosθ，Y = sinθ，变量 θ 是 [0, 2π) 上的均匀分布。那么 X，Y 的联合分布函数：

$$H(X,Y) = \begin{cases} \dfrac{3}{4} - \dfrac{\arccos x + \arcsin y}{2\pi}, & x^2 + y^2 \leq 1 \\ 1 - \dfrac{\arccos x + \arcsin y}{\pi}, & x^2 + y^2 > 1, x, y \geq 0 \\ 1 - \dfrac{\arccos x}{\pi}, & x^2 + y^2 > 1, x < 0 \leq y \\ 1 - \dfrac{\arcsin y}{\pi}, & x^2 + y^2 > 1, y < 0 \leq x \\ 0, & x^2 + y^2 > 1, x, y < 0 \end{cases}$$

X，Y 的边缘分布分别是：

$$u = F(x) = H(x, +\infty) = 1 - \frac{\arccos x}{\pi}$$

$$v = G(y) = H(+\infty, y) = 1 - \frac{\arccos y}{\pi}$$

连接边缘分布 F 和 G 的 Copula 函数是：

$$C(u,v) = \begin{cases} M(u,v), & |u-v| > \frac{1}{2} \\ W(u,v), & |u+v-1| > \frac{1}{2} \\ \frac{u+v}{2} - \frac{1}{4}, & \text{otherwise} \end{cases}$$

显然，上面定义的 C 与 Π 是不可比较大小的。

4.5.2 误区二

误区二：随机变量的边缘分布和线性相关系数决定其联合分布。

如果随机变量 X、Y 分别服从标准正态分布，且联合分布也是二元正态分布，线性相关系数是 r，那么 X 和 Y 的联合分布是确定的。但是，边缘分布是正态分布并不意味着其联合分布也是正态分布。例如，X ~ N(0,1)，Y ~ N(0,1)，线性相关系数是 r = 0.8。若 X、Y 的联合分布是正态分布，则分布函数为：

$$F(x,y) = \int_{-\infty}^{x}\int_{-\infty}^{y} \frac{1}{2\pi\sqrt{1-0.8^2}} \exp\left(\frac{-(s^2+t^2-2\times 0.8st)}{2(1-0.8^2)}\right) dsdt$$

若连接 X、Y 边缘分布的 Copula 函数是 Clayton Copula 函数，则 X 和 Y 的联合分布函数为：

$$F^{\text{Clayton}}(x,y) = (\Phi(x)^{-1.76} + \Phi(y)^{-1.76} - 1)^{-\frac{1}{1.76}}$$

若连接 X、Y 边缘分布的 Copula 函数是 Gumbel Copula 函数，则 X 和 Y 的联合分布函数为：

$$F^{\text{Gumbel}}(x,y) = \exp\left(-[(-\ln\Phi(x))^{\frac{1}{2.25}} + (-\ln\Phi(y))^{\frac{1}{2.25}}]^{2.25}\right)$$

注意这里 Clayton Copula 函数和 Gumbel Copula 函数的参数是通过数值方法得到的。即先产生两个服从两个 N（0，1）随机序列，然后根据 5.4.1 节的方法构造产生线性相关性系数为 0.8 的随机序列。最后用 Copula 函数拟合得到 Clayton Copula 函数和 Gumbel Copula 函数的参数的估计值。Gaussian Copula 的参数估计值是 0.7995，与预设的线性相关性系数 0.8 非常接近。下面是 matlab 程序：

```
rho = 0.8;
z1 = normrnd(0,1,100000,1);
z2 = normrnd(0,1,100000,1);
x = z1;
c21 = rho;
c22 = sqrt(1 - rho^2);
y = c21 * z1 + c22 * z2;
u = normcdf(x,0,1);
v = normcdf(y,0,1);
rhohat = Copulafit('Gaussian',[u,v]);
theta = Copulafit('Clayton',[u,v]);
alpha = Copulafit('Gumbel',[u,v])
```

4.5.3 误区三

误区三：给定随机变量 X 和 Y 的边缘分布 F 和 G，通过选择不同的连接函数 Copula，可以得到任何大小的线性相关系数（介于 -1 和 1 之间）。

例 4.2：设 X 和 Y 为取非负值的随机变量，即当 $x, y < 0$ 时，$F(x) = 0$，$G(y) = 0$。假设 $\sup_x \{x | F(x) < 1\} = \sup_y \{y | F(y) < 1\} = +\infty$。假设 X 和 Y 的线性相关系数为 -1，即 $r(X, Y) = -1$。这意味着 $Y = aX + b$，其中 $a < 0, b \in R$。

于是对于任意 $y < 0$，有：

$$G(y) = P(Y \leqslant y)$$
$$= P[X \geqslant (y-b)/a]$$
$$\geqslant P[X > (y-b)/a]$$
$$= 1 - F[(y-b)/a]$$

而 $1 - F[(y-b)/a]$ 一定是大于 0 的，这与条件 $G(y)=0$ 矛盾。

事实上关于相关系数的取值范围有下面的定理。

定理 4.10：（Embrechts 2002）设随机变量 X 和 Y 的边缘分布分别是 F 和 G，且方差有限，即 $0 < \sigma^2(X) < +\infty$，$0 < \sigma^2(Y) < +\infty$，那么：

(1) 线性相关系数的取值范围是一个闭区间 $[rmax_{min}$，并且 $rmax_{min}$；

(2) 线性相关系数取左端点值 r_{min}，当且仅当 X 和 Y 是反单调的（Countermonotonic）；线性相关系数取右端点值 r_{max}，当且仅当 X 和 Y 是共单调的（Comonotonic）；

(3) $r_{min} = -1$ 当且仅当 X 和 $-Y$ 是同类型的（same type）；$r_{max} = 1$ 当且仅当 X 和 Y 是同类型的。（随机变量 X 和 Y 同类型是指存在常数 $a > 0$ 和 $b \in R$，满足 $Y = aX + b$）。

例 4.3：计算边缘分布是对数正态分布的两个随机变量的线性相关系数取值范围。设 $X \sim \text{Lognormal}(0,1)$，$Y \sim \text{Lognormal}(0, \sigma^2)$，$\sigma > 0$。注意，$\log X$ 和 $\log Y$ 是同类型的，但 X 和 Y 不是同类型的。由上述定理容易看出，$rZ_{min}^{-\sigma Z}$，$rZ_{max}^{\sigma Z}$。根据线性相关系数的公式可以得到 r_{min} 和 r_{max} 的公式：

$$r\frac{\text{Cov}(e^Z, e^{-\sigma Z})}{\sqrt{\text{Var}(e^Z)}\sqrt{\text{Var}(e^{-\sigma Z})}} \frac{e^{-\sigma}-1}{\sqrt{(e-1)}\sqrt{(e^{\sigma^2}-1)}}_{min}$$

$$r\frac{\text{Cov}(e^Z, e^{\sigma Z})}{\sqrt{\text{Var}(e^Z)}\sqrt{\text{Var}(e^{\sigma Z})}} \frac{e^{\sigma}-1}{\sqrt{(e-1)}\sqrt{(e^{\sigma^2}-1)}}_{max}$$

公式的推导过程中用到对数正态分布的均值方差公式，即若 $W \sim \text{Lognormal}(\mu, \sigma)$，则有

$$E(W) = e^{\mu + \frac{\sigma^2}{2}}, \quad \text{Var}(W) = e^{2\mu + \sigma^2}(e^{\sigma^2} - 1)$$

图 4-1 显示了随着 σ 取不同的值，X 和 Y 线性相关系数范围的变化趋势。σ 越大，X 和 Y 线性相关系数的范围越小，当 σ 趋于无穷时，相关系数的范围缩小为 0，即 $\lim_{\sigma\to+\infty} r_{max} \lim_{\sigma\to+\infty} r_{min}$，也就是说当 σ 取较大的值时，X 和 Y 几乎不相关。

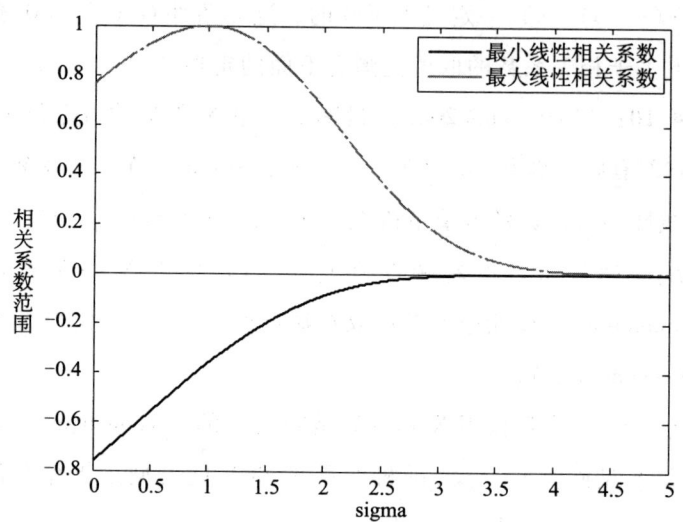

图 4-1 sigma 取不同值时的最大（最小）线性相关系数

4.5.3 误区四

误区四：通常认为 $VaR_\alpha(X+Y)$ 的上界是 $VaR_\alpha(X) + VaR_\alpha(Y)$。

通常，在金融风险管理中我们用方差描述风险，用线性相关系数描述相关性，在这样的假设条件下上述说法是正确的，即：

$$\sigma^2(X+Y) = \sigma^2(X) + \sigma^2(Y) + 2r\sigma(X)\sigma(Y)$$

当线性相关系数 r 取最大值 1 时，X+Y 方差取最大值，$VaR_\alpha(X+Y) = Z_\alpha\sigma$ 也取最大值。

进一步说，如果 X 和 Y 服从椭球分布，这种说法也是正确的。椭球分布是指特征函数为 $e^{it'\mu}\Psi(t'\Sigma t)$ 的多元分布，其中 μ 是均值向量，Σ 是正定的协方差矩阵。

如果 X 和 Y 的边缘分布是 F 和 G，不对 F 和 G 的相关结构做任何假设，下面的定理给出了 VaR_α (X + Y) 的界（Makarov, G. D. 1982, Frank M. J., Nelsen R. B., and Schweizer B. 1987）。

定理 4.11：对于 $z \in R$，$P(X + Y \leq z) \geq \sup\limits_{x+y=z} W[F(x), G(y)]$，其中 W 为 Copula 函数的下界，即 $W = \max(u + v - 1, 0)$。记：

$$\psi(z) = \sup_{x+y=z} W(F(x), G(y))$$

定义 ψ 的广义逆 $\psi^{-1}(\alpha) = \inf\{z \mid \psi(z) \geq \alpha\}$，$\alpha \in (0, 1)$，则：

$$\psi^{-1}(\alpha) = \inf_{W(u,v)=\alpha}\{F^{-1}(u) + G^{-1}(v)\}$$

所以得到 VaR 的界为：

$$VaR_\alpha(X + Y) \leq \psi^{-1}(\alpha)$$

并且是 VaR 最优上界（best-possible）。

例 4.4：设 X ~ Gamma (3, 1)，Y ~ Gamma (3, 1)，Gamma (α, β) 的概率密度函数如下：

$$f(x) = \begin{cases} \dfrac{1}{\beta^\alpha \Gamma(\alpha)} x^{\alpha-1} e^{-x/\beta}, & x > 0 \\ 0, & \text{其他} \end{cases}, \alpha > 0, \beta > 0$$

其中 $\Gamma(n) = n!$，n 为正整数，对任意 $x > 0$，$\Gamma(x) = \int_0^{+\infty} e^{-t} t^{x-1} dt$。

设 F 为 Gamma (3, 1) 的分布函数，则：

$$F(x) = \int_0^x \frac{1}{1^3 \Gamma(3)} t^{3-1} e^{-t/1} dt$$

$$= \frac{1}{6} \int_0^x t^2 e^{-t} dt$$

所以对于 $\alpha \in (0, 1)$，有：

$$\psi^{-1}(\alpha) = \inf_{u+v-1=\alpha}\{F^{-1}(u) + F^{-1}(v)\}$$

$$= F^{-1}((\alpha+1)/2) + F^{-1}((\alpha+1)/2)$$

$$= 2F^{-1}((\alpha+1)/2)$$

我们用数值方法考察 $\text{VaR}_\alpha(X+Y)$ 取得最大值时，X 和 Y 的相关系数取值情况。首先需要解决的问题是如何构造满足给定相关系数的两个 Gamma 分布随机变量。

令 $\alpha_0 = 3r_i$，$\alpha_1 = 3 - \alpha_0$，$\alpha_2 = 3 - \alpha_0$，构造三个随机变量：

$X_0 = \text{Gamma}(x \mid \alpha_0, 1)$，$X = \text{Gamma}(x \mid \alpha_1, 1)$，$Y = \text{Gamma}(x \mid \alpha_2, 1)$，

于是 $X + X_0$ 和 $Y + X_0$ 的线性相关系数为：

$$\frac{\text{Cov}(X+X_0, Y+X_0)}{\sqrt{\text{Var}(X+X_0)}\sqrt{\text{Var}(Y+X_0)}} = \frac{\text{Cov}(X_0, X_0)}{\sqrt{3}\sqrt{3}} = r_i$$

注意到：Gamma(α, β) 的均值和方差分别为 $\alpha\beta$ 和 $\alpha\beta^2$，且满足相加性，即：

$$\text{Gamma}(x \mid \alpha_1, \beta) + \text{Gamma}(x \mid \alpha_2, \beta) = \text{Gamma}(x \mid \alpha_1 + \alpha_2, \beta)$$

然后就可以调用 gamrnd() 函数生成随机数，模拟计算 VaR。

具体步骤为：

（1）给定置信度水平 α，让线性相关系数 r_i 在 [0, 0.999] 上取值，步长为 0.001；

（2）利用 gamrnd() 函数生成三列 Gamma 分布随机数 X_0、X、Y，参数分别为 $(\alpha_0, 1)$，$(\alpha_1, 1)$，$(\alpha_2, 1)$；

（3）求 $(X + X_0) + (Y + X_0)$ 的 α 分位数 VaR_i；

（4）找出最大的 VaR_i，对应的 r_i 即是 $\text{VaR}_\alpha(X+Y)$ 取得最大值时 X 和 Y 的相关系数。

模拟结果如表 4-1。图 4-2 显示了，置信度水平为 0.5 时，$\text{VaR}_\alpha(X) + \text{VaR}_\alpha(Y)$ 和 $\text{VaR}_\alpha(X+Y)$ 的对比情况。

表 4-1　$\text{VaR}(X+Y)$ 取得最大值时对应的线性相关系数值

alpha	0.50	0.55	0.60	0.65	0.70
线性相关系数	0.00	0.19	0.59	0.77	0.97
模拟的 VaR 上界	5.68	5.99	6.22	6.78	7.26
VaR 理论上界	5.35	5.77	6.21	6.69	7.23

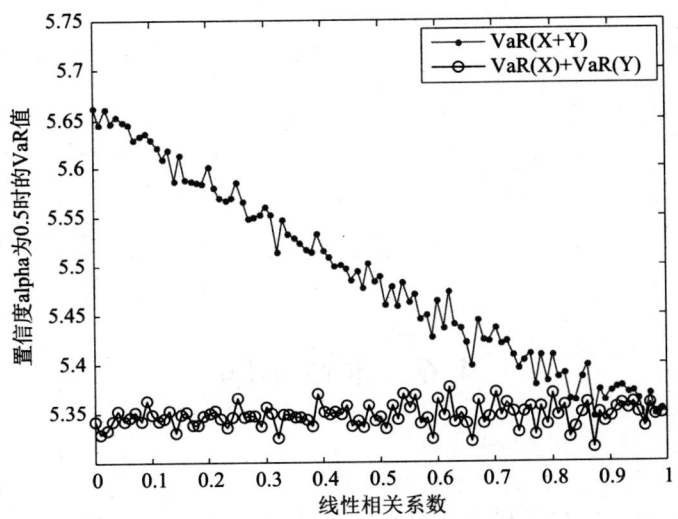

图 4-2　置信度水平为 0.5 时，不同相关系数下的 VaR 值对比

Matlab 程序如下：

```
% 分位数
alpha = 0.55;
% 产生随机数
rho = 0.00:0.001:0.999;
n = 100000;
for i = 1:length(rho)
    a0 = 3 * rho(i);
    a1 = 3 - a0;
    a2 = 3 - a0;
    X0 = gamrnd(a0,1,n,1);
    X = gamrnd(a1,1,n,1);
    Y = gamrnd(a2,1,n,1);
    rhat(i) = corr(X + X0,Y + X0);
XY = (X + X0) + (Y + X0);
    XYsort = sort(XY);
```

```
        VaR(i) = XYsort(ceil(n * alpha));
end
plot(rho,VaR);
max(VaR)
ind = (VaR == max(VaR));
rho(ind)
```

4.6 本章小结

本章对 Copula 界的研究成果进行总结归纳，包括在没有任何额外信息时的 Frechet-Hoeffding 界、已知 Copula 某一点的值时的界、已知相关系数时的界以，及已知多个相关信息时的界。在前人研究成果的基础上，利用 Gini 相关系数推导出一个新的 Copula 界。然后，对相关性和 Copula 函数的关系进行分析说明，通过举例的方式纠正人们在相关性及 Copula 函数方面的认识误区：正象限相依一定可以推出 Kendallτ 相关系数大于 0，反之则不成立；除二元正态分布外，随机变量的边缘分布和线性相关系数并不能决定其联合分布；对于选定的 Copula 函数，二元变量间的相关系数取值范围并一定是 [0，1]；二元变量和的在险价值上限并一定等于每个变量在险价值上限的和。

第 5 章

Copula 对角函数及其界的研究

Copula 函数的对角部分具有很好的统计学意义,是研究尾部相关的重要工具,Fredricks、Nelsen、Kass 等人系统研究了如何利用对角函数构建 Copula 以及对角 Copula 函数集的上下界。如果已知对角函数是简单对角函数,那么由其构建的对角 Copula 函数集的上界是确定的。已有判定简单对角函数的方法在应用中不够简便,本章提出了一种判定简单对角函数的新方法,并举例说明了新方法的优越性。

5.1 Copula 对角函数的意义及研究现状

C 是任意一个二元 Copula 函数(本节所指 Copula 函数皆为二元函数),则 $\delta_C(t) = C(t, t)$ 称为"Copula 函数的对角部分"(Diagonal section)。设 $\delta(t)$ 是 $[0, 1] \to R$ 上的函数,如果满足以下性质:

(1) $\delta(1) = 1$

(2) $\delta(t) \leq t$

(3) $0 \leq \delta(t') - \delta(t) \leq 2(t' - t)$,对于任意的 $t, t' \in [0, 1]$ 且 $t \leq t'$ 那么 $\delta(t)$ 是一个 Copula 对角函数(Diagonal),简称"对角函数"。

给定任意一个 Copula 对角函数 $\delta(t)$,都可以构造一个 Copula 函数集(称之为对角 Copula 函数集),使得其元素的对角部分是 $\delta(t)$。Copula 函数的对角部分有很好的统计意义,即:

$$\delta_C(t) = C(t, t) = \Pr[\max(U, V) \leq t]$$

其中,U、V 是任意两个随机变量 X、Y 的边缘分布,$t \in [0, 1]$。举个实际应用中的例子,房间中有两盏电灯,只要其中一盏还亮着,房间就是亮的,$\delta(t)$ 表示两盏电灯的最长使用寿命。

Copula 对角函数在尾部相关性的研究中有重要应用(Nelsen,2006),如上(下)尾相关系数(Upper or lower tail dependence parameters):

$$\lambda_U = \lim_{t \to 1^-} \Pr[V > t \mid U > t]$$

$$\lambda_L = \lim_{t \to 0^+} \Pr[V \leq t \mid U \leq t]$$

都可以表示成对角函数的形式，即：

$$\lambda_U = \lim_{t \to 1^-} [2 - \delta_C'(t)]$$

$$\lambda_L = \lim_{t \to 0^+} \delta_C'(t)$$

其中，$\delta_C'(t)$ 是 $\delta_C(t)$ 的一阶导数。

而尾部相关性主要应用在金融风险分析与管理中，特别是极端事件情况下的相关性（Klugman，1999）。Ane 和 Kharoubi（2003）实证发现在震荡和熊市环境下，用尾部相关来刻画相关性特别有用。Abdous（2005）等人将尾部相关的概念用于研究情景分析和压力测试。

正是由于对角函数在实践应用中的重要作用，关于 Copula 函数对角部分的理论研究成为 Copula 理论研究中的一个热点，并且已经取得了很多重要成果。Fredricks 和 Nelsen（1997）详细介绍了如何利用给定的对角函数构建 Copula 函数。Fredricks 和 Nelsen（2002）讨论了 Bertino Copula 函数族的性质，其中 Bertino 函数是利用给定对角函数构建的 Copula 函数。Durante（2005）等提出了一种利用给定对角函数构建 Copula 函数的新方法。Nelsen（2008）等对对角 Copula 函数集的上下界进行了详细讨论，提出了一种称为"对角分割"（Diaganol Splice）的二元运算，指出简单对角函数（Simple Diaganol）构造的 Copula 函数集的上界是确定的。

本章主要对简单对角函数的性质及判定进行讨论，提出了判定一个对角函数为简单对角函数的新方法，并举例说明了新方法的优越性。

5.2 对角 Copula 函数集

先定义一个概念——Quasi-Copula 函数。设 Q 是 $[0, 1]^2 \to [0, 1]$

的二元函数，且满足：

（1）$Q(u,0) = Q(0,v) = 0$，$Q(u,1) = u$，$Q(1,v) = v$，$u,v \in [0,1]$；

（2）$Q(u,v)$ 对 u，v 上都是非递减的；

（3）Lipschitz 条件：

$|Q(u_1,v_1) - Q(u_2,v_2)| \leq |u_2 - u_1| + |v_2 - v_1|$，对任意 (u_1,v_1)，$(u_2,v_2) \in [0,1]^2$。

则称 Q 是 Quasi-Copula 函数。与 Copula 函数的定义条件唯一不同的是第三条，2-increasing 性质弱化为 Lipschitz 条件。

设 $\delta(t)$ 是任意一个对角函数，C_δ 和 Q_δ 分别表示对角部分是 $\delta(t)$ 的 Copula 函数集和 Quasi-Copula 函数集，即：

$$C_\delta = \{C \mid C \text{ 是 copula}, \text{ 且 } C(t,t) = \delta(t), t \in [0,1]\}$$

$$Q_\delta = \{Q \mid Q \text{ 是 Quasi-copula}, \text{ 且 } Q(t,t) = \delta(t), t \in [0,1]\}$$

C_δ 和 Q_δ 都是非空的，显然 $C_\delta \subseteq Q_\delta$。如果 $\delta = \delta_M$，M 是 Copula 函数的 Frechet 上界 $M = \min(u,v)$，此时 C_δ 和 Q_δ 都只有一个元素，即 $C_\delta = Q_\delta = \{M\}$。但是通常情况下，$Q_\delta$ 是严格包含 C_δ 的，即 $C_\delta \subset Q_\delta$。至于 $\delta(t)$ 具有什么特征时，这种包含关系是严格的，至今还是一个公开问题（Open Problem）。

定义一个和 $\delta(t)$ 联系紧密的函数：

$$\hat{\delta}(t) = t - \delta(t), t \in [0,1]$$

$\hat{\delta}(t)$ 的统计学解释是：

$$\hat{\delta}_C(t) = t - C(t,t) = \frac{1}{2} P(\min(U,V) \leq t \leq \max(U,V))$$

其中，U，V 是区间 [0,1] 上的均匀分布变量，C 是 U，V 的 Copula 函数。这是因为：

$$P(\max(U,V) \leq t) = \delta(t) = t - \hat{\delta}_C(t)$$

$$P(\min(U,V) \leq t) = P(U \leq t) \cup P(V \leq t)$$

$$= t + t - \delta(t)$$

$$= t + \hat{\delta}_C(t)$$

所以：
$$P(\min(U,V) \leq t \leq \max(U,V))$$
$$= P(\min(U,V) \leq t) - P(\max(U,V) \leq t)$$
$$= t + \hat{\delta}_C(t) - (t + \hat{\delta}_C(t)) = 2\hat{\delta}_C(t)$$

$\hat{\delta}(t)$ 满足以下性质：

(1) $\hat{\delta}(0) = \hat{\delta}(1) = 0$；

(2) $|\hat{\delta}(t') - \hat{\delta}(t)| \leq |t' - t|$，对任意的 $t', t \in [0, 1]$；

(3) $0 \leq \hat{\delta}(t) \leq \min(t, 1-t)$，对任意的 $t \in [0, 1]$。

根据 $\delta(t)$ 的定义，$\delta(t)$ 的曲线一定处在以 $(0, 0)$、$(1/2, 0)$ 和 $(1, 1)$ 为顶点的三角形内，即 $\max(2t-1, 0) \leq \delta(t) \leq t$。由 $\hat{\delta}(t)$ 的定义，$\hat{\delta}(t)$ 的曲线一定处在以 $(0, 0)$、$(1/2, 1/2)$ 和 $(1, 1)$ 为顶点的三角形内，即 $0 \leq \hat{\delta}(t) \leq \min(t, 1-t)$。见图 5-1，其中左图粗实线部分是 Copula 函数 Π 的对角部分，右图粗实线部分是相应的 $\hat{\delta}(t)$。

前面提到 C_δ 和 Q_δ 都是非空的，也就说，给定一个 Copula 对角函数 $\delta(t)$，就一定有能构造出一个 Copula 函数 C，且 $C(t, t) = \delta(t)$。只要 C_δ 非空，Q_δ 也非空。定义函数：

$$K_\delta(u, v) = \min\left[u, v, \frac{\delta(u) + \delta(v)}{2}\right]$$

Fredricks 和 Nelsen（1997）证明了 K_δ 是 Copula 函数，显然 $K_\delta(t,t) = \delta(t)$。$C_\delta$ 中还有一个非常有代表性的 Copula 函数 Bertino Copula，由 Bertino 于 1977 年提出：

$$B_\delta(u, v) = \begin{cases} u - \inf_{u \leq t \leq v}\{t - \delta(t)\}, & u \leq v \\ v - \inf_{v \leq t \leq u}\{t - \delta(t)\}, & u \geq v \end{cases}$$

显然 $B_\delta(t, t) = \delta(t)$。记 $l_\delta(u, v) = \min(\hat{\delta}(t) | t \in [\min(u, v), \max(u, v)])$，Bertino Copula 可简记为：$B_\delta(u, v) = \min(u, v) - l_\delta(u, v)$。

Quasi-Copula 对角函数集 Q_δ 中也有一个具有代表意义的元素：

$$A_\delta(u, v) = \min[u, v, \max(u, v) - h_\delta(u, v)]$$

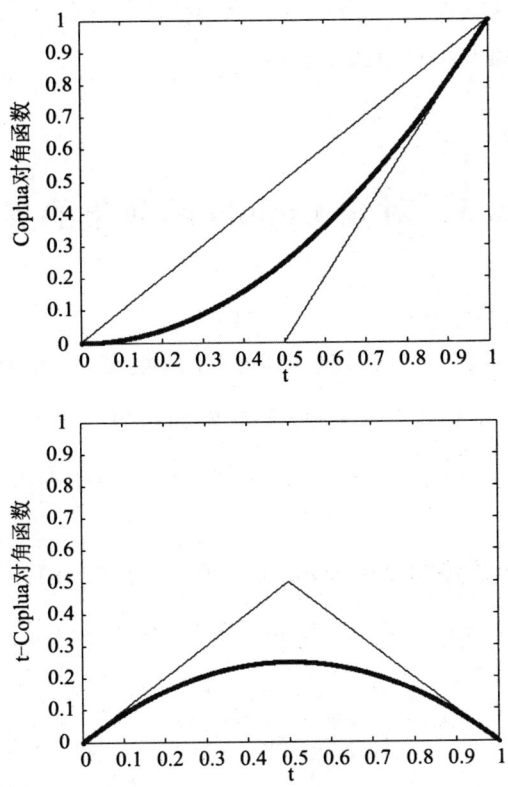

图 5-1　Copula 对角函数 $\delta(t)$ 的范围（左）和 $\hat{\delta}(t)$ 的范围

其中 $h_\delta(u, v) = \max\{\hat{\delta}(t) \mid t \in [\min(u, v), \max(u, v)]\}$。$A_\delta$ 是 quasia-Copula（Nelsen, etc., 2004）。

关于 Copula（或 Quasi-Copula）对角函数 B_δ、K_δ 和 A_δ 的性质总结如下：

定理 5.1：设 $\delta(t)$ 是任意一个对角函数，$t \in [0, 1]$，

（1）B_δ 和 K_δ 都是 Copula，其中 B_δ 称为 Bertino Copula，K_δ 称为 Diagonal Copula，显然 B_δ，$K_\delta \in C_\delta$；

（2）A_δ 是 Quasi-Copula，即 $A_\delta \in Q_\delta$；

（3）B_δ、K_δ、A_δ 都是对称的，并且 $B_\delta \leq K_\delta \leq A_\delta$；

（4）如果 C 属于 C_δ 且对称，那么 $C \leq K_\delta$；

（5）A_δ 是 Copula 当且仅当 $A_\delta = K_\delta$，等式成立的充分必要条件是：δ

(t) 的曲线是分段线性的 (Piecewise linear)，每一段的斜率是 0 或 1 或 2 而且至少有一个端点在对角线 $v = u$ 上。

5.3 对角 Copula 函数集的界

Nelsen 等（2008）详细讨论了 Copula 函数集 C_δ 和 Quasi-Copula 函数集 Q_δ 的上下界。文中提出了一种有意思的运算——对角分割 (Diagonal splice)，利用这种运算证明了一系列定理，最终得出关于 Copula 函数集上下界的重要性质。

对角分割的思想最初是由 Durante (2005) 提出来的，定义如下：

设 f_1 和 f_2 是定义在 $[0, 1]^2$ 上的二元函数，f_1 和 f_2 的对角分割 $f_1 \boxslash f_2$：

$$f_1 \boxslash f_2 (u, v) = \begin{cases} f_1(u, v), & (u, v) \in T_U \\ f_2(u, v), & (u, v) \in T_L \setminus D \end{cases}$$

其中，T_U 是单位正方形的上半部分，即 $T_U = \{(u, v) \in [0, 1]^2 | v \geq u\}$，$T_L$ 是单位正方形的上半部分，即 $T_L = \{(u, v) \in [0, 1]^2 | v \leq u\}$，$D$ 是对角线部分，即 $D = \{(u, v) \in [0, 1]^2 | v = u\}$。容易发现，$f_1 \boxslash f_2 \neq f_2 \boxslash f_1$。

命题 5.1：设 δ 是一对角函数，Q_1 和 Q_2 是两个 Quasi-Copula，且 Q_1，$Q_2 \in Q_\delta$，则 Q_1 和 Q_2 的对角分割 $Q_1 \boxslash Q_2$ 也是 Q_δ 中的一个 Quasi-Copula。

命题 5.2：设 δ 是一对角函数，Copula 函数 C_1 和 C_2 是 C_δ 中的元素，C_1 和 C_2 的对角分割 $C_1 \boxslash C_2$ 是属于 C_δ 中的 Copula 当且仅当：对于任意的 $(u, v) \in T_U$，$C_1(u, v) + C_2(u, v) \leq \delta(u) + \delta(v)$；类似地，$C_2 \boxslash C_1$ 是属于 C_δ 中的 Copula 当且仅当：对于任意的 $(u, v) \in T_L$，C_1

$(u, v) + C_2 (u, v) \leq \delta(u) + \delta(v)$。

命题 5.3：设 δ 是一对角函数，Copula 函数 C_1 和 C_2 是 C_δ 中的元素，且对于任意的 $(u, v) \in [0, 1]^2$，满足条件 $\max(C_1(u, v), C_2(u, v)) \leq K_\delta(u, v)$，那么对角分割 $C_1 \diagup C_2$ 和 $C_2 \diagup C_1$ 都是 C_δ 中的 Copula 函数。

命题 5.4：设 δ 是一对角函数，Copula 函数 C_1 和 C_2 是 C_δ 中的元素，且 C_1 和 C_2 都是对称的，那么对角分割 $C_1 \diagup C_2$ 和 $C_2 \diagup C_1$ 都是 C_δ 中的 Copula 函数。

命题 5.5：设 δ 是一对角函数，Copula 函数 C_1 和 C_2 是 C_δ 中的元素，且 C_1 和 C_2 都是绝对连续的，密度函数分别是 c_1 和 c_2，对角分割 $C_1 \diagup C_2$ 也是绝对连续的 Copula 函数当且仅当：

$$\int_0^u c_1(u, v) dv = \int_0^u c_2(u, v) dv, \forall u \in [0, 1]$$

这时 $C_1 \diagup C_2$ 是 C_δ 中的元素。

命题 5.6：设 δ 是一对角函数，

（1）对角 Copula 函数集 C_δ 和对角 Quasi-Copula 函数集 Q_δ 的最优下界是 Bertino Copula B_δ；

（2）对角 quasi-Copula 函数集 Q_δ 的最优上界是 A_δ。

对角 Copula 函数集 C_δ 的最优上界却没有较好的结果，记 C_δ 的最优上界为 $\bar{C}_\delta$，即 $\bar{C}_\delta(u, v) = \sup\{C_\delta(u, v) \mid C(t, t) = \delta(t), t \in [0, 1]\}$。Nelsen 和 Flores（2005）证明了 $(Q, \leq)$ 是完备的，所以 $\bar{C}_\delta$ 是 quasi-Copula，即 $\bar{C}_\delta \in Q_\delta$。

命题 4.7：设 δ 是一对角函数，对角 Copula 函数集 C_δ 的最优上界 $\bar{C}_\delta$ 具有以下性质：

（1）$\bar{C}_\delta$ 是对称的；

（2）$K_\delta \leq \bar{C}_\delta \leq A_\delta$；

（3）$\bar{C}_\delta$ 是 Copula 函数当且仅当 $\bar{C}_\delta = K_\delta$。

如果 $\bar{C}_\delta$ 是 Copula 函数，那么 $\bar{C}_\delta = K_\delta$，但是对角函数 δ 满足什么条件时，$\bar{C}_\delta$ 是 Copula 函数，至今仍然是一个未解决的公开问题。定理 4.1 给出了 $\bar{C}_\delta$ 是 Copula 函数的一个特例，即 $A_\delta = K_\delta$ 的充分必要条件，也即 $\bar{C}_\delta = K_\delta$，满足条件的对角函数 δ 类型非常少。但是使得 $\bar{C}_\delta = A_\delta$ 的对角函数 δ 却非常广泛，下一节将重点讨论一类重要的对角函数——简单对角函数，其 Copula 函数集的上界是 $_\delta$。

5.4 简单 Copula 对角函数

先给出简单 Copula 对角函数的定义：

对角函数 $\delta(t)$ 称为"简单（Simple）对角函数"，当且仅当 $\hat{\delta}(t)$ 满足：

$$\hat{\delta}(\alpha u + (1-\alpha)v) \geq \min(\hat{\delta}(u), \hat{\delta}(v)), \quad u, v, \alpha \in [0, 1]$$

当对角函数满足上面性质时，也称 $\delta(t)$ 是简单的。Nelsen 等（2008）证明了若 $\delta(t)$ 是简单对角函数，函数集 C_δ 的上确界是 A_δ。

对 $\delta(t)$ 性质的探讨对研究对角函数集的上界有重要意义。简单对角函数是应用很广泛的一类对角函数，比如文献（Nelsen，2006）表 4-1 中的 22 类阿基米德 Copula 函数族的对角部分都是简单对角函数。如何判定一个对角函数是简单对角函数，有下面的定理：

定理 5.2：对角函数 $\delta(t)$ 是简单的，与下面两个命题等价：

（1）对任意的 $(u, v) \in [0, 1]^2$，等式 $l_\delta(u, v) = \min(\hat{\delta}(u), \hat{\delta}(v))$ 成立，即 $\hat{\delta}(t)$ 的最小值在任意的闭区间 $T \subset [0, 1]$ 的端点上取得；

（2）存在一个点 $c \in [0, 1]$ 使得 $\hat{\delta}(t)$ 在 $[0, c]$ 上非减，在 $[c, 1]$ 上非增。

例 5.1 说明怎么用上述定理判定简单对角函数。

例 5.1：设 $\delta_1(t) = \min\left(\max\left(0, 2t - \frac{1}{2}\right), \max\left(\frac{1}{2}, 2t - 1\right)\right)$，$t \in [0, 1]$，相应的，$\hat{\delta}_1(t) = \max\left(\min\left(t, \frac{1}{2} - t\right), \min\left(t - \frac{1}{2}, 1 - t\right)\right)$，$\hat{\delta}_1(t)$ 在 $[0, 1]$ 上有两个峰，由定理 5.2 (ii) 可知，$\delta_1(t)$ 不是简单对角函数，见图 5-2。

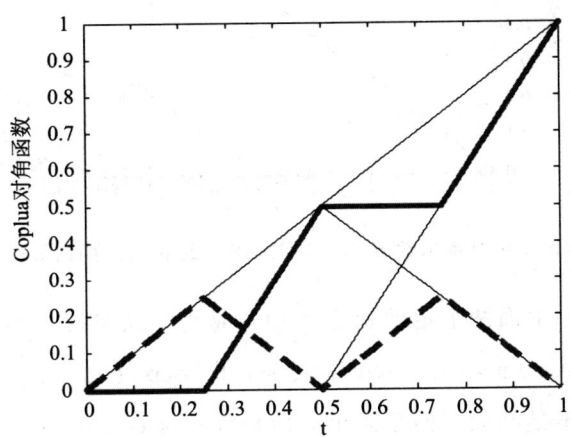

图 5-2 例 5.1 中对角函数 $\delta_1(t)$ (粗实线) 及 $\hat{\delta}_1(t)$ 的曲线图 (粗虚线)

定理 5.3：如果对角函数 $\delta(t)$ 是凸的，即 $\delta(\alpha u + (1 - \alpha)v) \leq \alpha\delta(u) + (1 - \alpha)\delta(v)$，则 $\delta(t)$ 是简单对角函数，反之不成立。

常见的 Copula 函数 $\Pi(u, v) = uv$，$W(W(u, v) = \max(u + v - 1, 0))$ 和 $M(u, v) = \min(u, v)$ 的对角部分都是凸的，即 $\delta_\Pi(t) = t^2$，$\delta_W(t) = \max(2t - 1, 0)$，$\delta_M(t) = t$ 都是简单对角函数，见图 5-1，δ_W 是对角函数的下界，δ_M 是对角函数的上界。下面举例说明简单对角函数不一定是凸的。

例 5.2：设 $\delta_1(t) = \min\left[t, \max\left(\frac{1}{2}, 2t - 1\right)\right]$，$t \in [0, 1]$，相应的，$\hat{\delta}_1(t) = \min\left[\max\left(0, t - \frac{1}{2}\right), 1 - t\right]$，由定理 4.2 (2) 可知，$\hat{\delta}_1(t)$ 在 $\left[0, \frac{3}{4}\right]$ 上非减，在 $\left[\frac{3}{4}, 1\right]$ 上非增，因此 $\delta_1(t)$ 是简单对角函数，

但是 $\delta_1(t)$ 不是凸函数，见图 5-3。

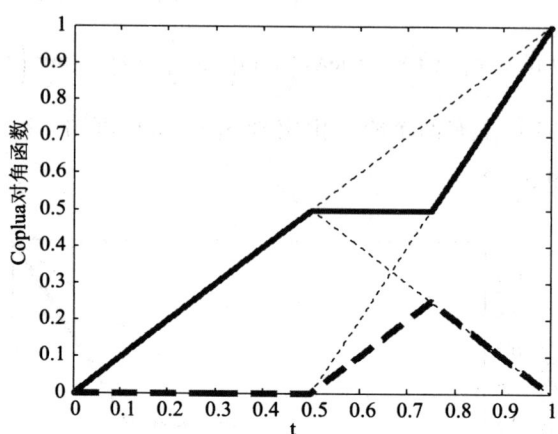

图 5-3 例 5.2 中对角函数 $\delta_1(t)$（粗实线）及 $\hat{\delta}_1(t)$ 的曲线图（粗虚线）

有些时候用上面两个定理判定 $\delta(t)$ 是否是简单的并不是很好用，比如 Copula 函数 $C_f(u,v) \doteq \min(u,v) f[\max(u,v)]$ 的对角部分 $\delta(t) = tf(t)$ 不是凸的，但是简单对角函数。对 $C_f(u,v)$ 的详细讨论见（Durante，2007）。为此我们提出了下面定理：

定理 5.4：如果对角函数 $\delta(t)$ 满足条件：$\dfrac{\delta(t)}{t}$ 是非减的，则 $\delta(t)$ 是简单对角函数，反之不成立。（详见图 5-4。）

证明：先证前半部分。假设存在一个闭区间 $T = [a, b] \subset [0,1]$，$\hat{\delta}(t)$ 的最小值不在 T 的端点 a 或 b 上取得，那么必然存在 $t_1, t_0, t_2 \in T$，$t_1 < t_0 < t_2$，使得 $\hat{\delta}(t_0) < \hat{\delta}(t_1) = \hat{\delta}(t_2)$，即：

$$t_0 - \delta(t_0) < t_1 - \delta(t_1)$$
$$t_0 - \delta(t_0) < t_2 - \delta(t_2)$$
$$t_1 - \delta(t_1) = t_2 - \delta(t_2)$$

整理得：

$$\frac{\delta(t_0) - \delta(t_1)}{t_0 - t_1} > 1$$

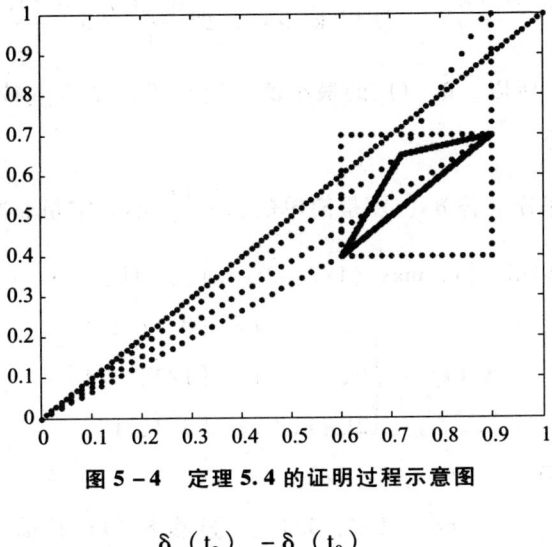

图 5-4 定理 5.4 的证明过程示意图

$$\frac{\delta(t_2) - \delta(t_0)}{t_2 - t_0} < 1$$

$$\frac{\delta(t_2) - \delta(t_1)}{t_2 - t_1} = 1$$

记 $k_0 = \frac{\delta(t_0)}{t_0}$，$k_1 = \frac{\delta(t_1)}{t_1}$，$k_2 = \frac{\delta(t_2)}{t_2}$，由于 $\delta(t) \leq t$，所以 $[t_1, \delta(t_1)]$ 和 $[t_2, \delta(t_2)]$ 必然在对角线 $y = x$ 的下方。

若 $[t_1, \delta(t_1)]$ 在对角线 $y = x$ 上，那么 $\frac{\delta(t_0) - \delta(t_1)}{t_0 - t_1} = \frac{\delta(t_0) - t_1}{t_0 - t_1} \leq 1$，若 $[t_2, \delta(t_2)]$ 在对角线 $y = x$ 上，那么 $\frac{\delta(t_2) - \delta(t_0)}{t_2 - t_0} \geq 1$，与假设不符。

因此，$k_1 < 1$，$k_2 < 1$。容易证明：

$$k_0 = \frac{\delta(t_1) + (t_2 - t_1)\frac{\delta(t_0) - \delta(t_1)}{t_0 - t_1}}{t_1 + (t_2 - t_1)}$$

$$k_2 = \frac{\delta(t_1) + (t_2 - t_1)}{t_1 + (t_2 - t_1)}$$

因为 $\dfrac{\delta(t_0) - \delta(t_1)}{t_0 - t_1} > 1$，所以 $k_0 > k_2$，即 $\dfrac{\delta(t_0)}{t_0} > \dfrac{\delta(t_2)}{t_2}$，这和 $\dfrac{\delta(t)}{t}$ 是非减的矛盾。所以，$\hat\delta(t)$ 的最小值一定在 T 的端点 a 或 b 上取得，即 $\delta(t)$ 是简单的。

再证后半部分，若 $\delta(t)$ 是简单的，$\dfrac{\delta(t)}{t}$ 不一定是非减的。

设 $\delta(t) = \min[t, \max(1/2, 2t-1)]$，即：

$$\delta(t) = \begin{cases} t, & t \in [0, 1/2] \\ 0, & t \in [1/2, 3/4] \\ 2t-1, & t \in [3/4, 1] \end{cases}$$

那么 $\hat\delta(t) = \begin{cases} 0, & t \in [0, 1/2] \\ t, & t \in [1/2, 3/4] \\ 1-t, & t \in [3/4, 1] \end{cases}$，显然 $\delta(t)$ 是简单的，但 $\dfrac{\delta(t)}{t}$ 不是非减的。

定理得证。

例 5.3：设 f 是 $[0, 1] \to [0, 1]$ 上的连续函数，除有限个点外可微，那么 $C_f(u, v) \doteq \min(u, v) f(\max(u, v))$ 是 Copula 函数的充分必要条件是：

(1) $f(1) = 1$，

(2) f 是递增的，

(3) 函数 $tf(t)/t$ 在 $(0, 1)$ 上是递减的。

Copula 函数 C_f 的对角部分为：$\delta(t) = tf(t)$。由定理 5.4 立即可得 C_f 的对角部分是简单对角函数。但 $\delta(t) = tf(t)$ 不一定是凸的，见下面例子。

例 5.4：设 $f(t) = \min(\alpha t, 1)$，$\alpha > 1$，则可以构造 Copula 如下（详见图 5-5）：

$$C_f(u,v) = \min(u,v) f(\max(u,v)) = \begin{cases} \alpha uv, & (u,v) \in [0, 1/\alpha] \\ \min(u,v), & (u,v) \in [1/\alpha, 1] \end{cases}$$

对角部分为：
$$\delta(t) = t\min(\alpha t, 1),$$

显然 $\dfrac{\delta(t)}{t}$ 是非减的，而 $\delta(t)$ 不是凸函数，因为：

$$\delta\left(\frac{1}{\alpha}\right) = \frac{1}{\alpha} = \delta\left[\frac{1}{2}\left(\frac{1}{2\alpha} + \frac{3}{2\alpha}\right)\right] > \frac{1}{2}\left[\delta\left(\frac{1}{2\alpha}\right) + \delta\left(\frac{3}{2\alpha}\right)\right] = \frac{7}{8}\frac{1}{\alpha}。$$

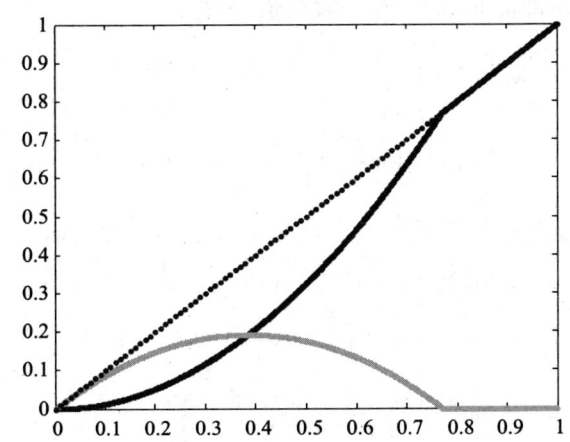

图 5-5　例 5.4 中 alpha = 1.3 时的对角函数 $\delta(t)$ 及 $\hat{\delta}(t)$

5.5　尾部相关系数

尾部相关系数研究的是两个随机变量在极端情况下的相关性，从某种意义上说，其重要性丝毫不亚于一般的相关性度量。尾部相关分为上尾相关和下尾相关。对于连续的随机变量 X 和 Y，边缘分布分别是 F 和 G。上尾相关系数 λ_U 是指 X 大于某一分位数的条件下，Y 也大于这一分位数的概率，分位数足够大即趋于 1，用公式定义如下（如果极限存在的话）：

$$\lambda_U = \lim_{t \to 1^-} P(Y > G^{(-1)}(t) \mid X > F^{(-1)}(t))$$

类似地，下尾相关系数 λ_L 定义如下（如果极限存在的话）：

$$\lambda_L = \lim_{t \to 0^+} P[Y \leq G^{(-1)}(t) \mid X \leq F^{(-1)}(t)]$$

如果 C 是连接边缘分布 F 和 G 的 Copula 函数，尾部相关系数完全由 C 的对角部分决定，见下面定理（Nelsen，2006）。

定理 5.5：连续的随机变量 X 和 Y 的边缘分布分别是 F 和 G，其 Copula 函数 C 的对角部分是 δ_C，则（假设极限存在）：

$$\lambda_U = 2 - \lim_{t \to 1^-} \frac{1 - C(t, t)}{1 - t} = 2 - \delta_C'(1^-)$$

$$\lambda_L = \lim_{t \to 0^+} \frac{C(t, t)}{t} = \delta_C'(0^+)$$

证明：先证上尾相关系数，下尾相关系数的证明类似，

$$\lambda_U = \lim_{t \to 1^-} P(Y > G^{(-1)}(t) \mid X > F^{(-1)}(t))$$

$$= \lim_{t \to 1^-} P(G(Y) > t \mid F(X) > t)$$

$$= \lim_{t \to 1^-} \frac{P(G(Y) > t, F(X) > t)}{P[F(X) > t]}$$

$$= \lim_{t \to 1^-} \frac{1 - 2t + C(t, t)}{1 - t}$$

$$= 2 - \lim_{t \to 1^-} \frac{1 - C(t, t)}{1 - t}$$

$$= 2 - \delta_C'(1^-)$$

定理证毕。

如果 $\lambda_U \in (0, 1]$，我们称 Copula 函数 C 是上尾相关的，如果 $\lambda_U = 0$，称 Copula 函数 C 没有上尾相关性；如果 $\lambda_L \in (0, 1]$ 称 Copula 函数 C 是下尾相关的，如果 $\lambda_L = 0$，称 Copula 函数 C 没有下尾相关性。

尾部相关系数考察的是两个随机变量在第一象限和第三象限上的相关性，类似的我们还可以定义次尾部相关系数，考察随机变量在第二象限和第四象限上的相关性。分别定次上尾相关系数和次下尾相关系数如下：

$$\tilde{\lambda}_U = \lim_{t \to 0^+} P\left[Y > G^{(-1)}(1-t) \mid X \leq F^{(-1)}(t) \right]$$

$$\tilde{\lambda}_L = \lim_{t \to 1^-} P\left[Y \leq G^{(-1)}(1-t) \mid X > F^{(-1)}(t) \right]$$

定理 5.6：连续的随机变量 X 和 Y 的边缘分布分别是 F 和 G，其 Copula 函数 C 的次对角部分（Secondary diagonal）是 $\tilde{\delta}_C(t) = C(t, 1-t)$，则（假设极限存在）：

$$\tilde{\lambda}_U = \lim_{t \to 0^+} \frac{C(t, 1-t)}{t} = 1 - \tilde{\delta}_C'^{+}$$

$$\tilde{\lambda}_L = 1 - \lim_{t \to 1^-} \frac{1 - C(t, 1-t)}{1 - t} = 1 - \tilde{\delta}_C'^{-}$$

证明：次上尾相关系数的证明：

$$\tilde{\lambda}_U = \lim_{t \to 0^+} P(Y > G^{(-1)}(1-t) \mid X \leq F^{(-1)}(t))$$

$$= \lim_{t \to 0^+} P(G(Y) > 1-t \mid F(X) \leq t)$$

$$= \lim_{t \to 0^+} \frac{P(F(X) \leq t, G(Y) > 1-t)}{P(F(X) \leq t)}$$

$$= \lim_{t \to 0^+} \frac{P(F(X) \leq t) - P(F(X) \leq t, G(Y) \leq 1-t)}{P(F(X) \leq t)}$$

$$= \lim_{t \to 0^+} \frac{t - C(t, 1-t)}{t}$$

$$= 1 - \lim_{t \to 0^+} \frac{C(t, 1-t)}{t} = 1 - \tilde{\delta}_C'^{+}$$

次下尾相关系数的证明：

$$\tilde{\lambda}_L = \lim_{t \to 1^-} P(Y \leq G^{(-1)}(1-t) \mid X > F^{(-1)}(t)))$$

$$= \lim_{t \to 1^-} P(G(Y) \leq 1-t \mid F(X) > t)$$

$$= \lim_{t \to 1^-} \frac{P(F(X) > t, G(Y) \leq 1-t)}{P(F(X) > t)}$$

$$= \lim_{t \to 1^-} \frac{P(G(Y) \leq 1-t) - P(F(X) \leq t, G(Y) \leq 1-t)}{P[F(X) > t]}$$

$$= \lim_{t \to 1^-} \frac{1 - t - C(t, 1-t)}{1 - t}$$

$$= 1 - \lim_{t \to 1^-} \frac{1 - C(t, 1-t)}{1 - t} = 1 - \tilde{\delta}'_C{}^-$$

定理证毕。

Nelsen（2006）在书中的 5.21 列举了几类 Copula 函数的上尾相关系数和下尾相关系数，我们还是以它们为例，考虑其次上尾相关系数和次下尾相关系数。从表 5 - 1 可以看出，次尾部相关系数是尾部相关系数一个很好的补充。

表 5 - 1　　Copula 函数族的尾部相关系数和次尾部相关系数

	λ_U	λ_L	$\tilde{\lambda}_L$	$\tilde{\lambda}_U$
Frechet	α	α	β	β
Cuadras-Auge	0	θ	0	0
Marshall-Olkin	0	min (α, β)	0	0

其中：

Frechet family：$C_{\alpha,\beta}(u,v) = \alpha M(u,v) + (1 - \alpha - \beta)\Pi(u,v) + \beta W(u,v)$；

Cuadras-Auge family：$C_\theta(u,v) = (\min(u,v))^\theta (uv)^{1-\theta} = \begin{cases} uv^{1-\theta}, & u \leq v \\ u^{1-\theta}v, & u > v \end{cases}, 0 \leq \theta \leq 1$；

Marshall-Olkin family：$C_{\alpha,\beta}(u,v) = \min(u^{1-\alpha}v, uv^{1-\beta}) = \begin{cases} u^{1-\alpha}v, & u^\alpha \geq v^\beta \\ uv^{1-\beta}, & u^\alpha \leq v^\beta \end{cases}, 0 \leq \alpha, \beta \leq 1$。

5.6　本章小结

本章主要讨论对角函数相关问题，对每一个 Copula 对角函数都可以构造一个对角 Copula 函数集，现有文献已详细探讨对角 Copula 函数集的上下界，其中由简单对角函数构造的 Copula 函数集有确定的上界。本章介绍了尾部相关和 Copula 对角函数的关系，引入对角分割的概念，提出一个新方法判定 Copula 对角函数集上界是 Quasi-Copula 函数，弥补了原有判定定理在应用方面的不足，并通过实例说明新判定方法的有效性。最后介绍次尾部相关的概念，并通过几类 Copula 函数族说明次尾部相关是尾部相关的一个很好的补充。

第 6 章

应用极值理论和 Copula 模型估算 VaR

6.1　VaR 的基本概念

管理风险是所有金融机构在经营活动中的一项重要且必须做的工作。为了测量风险暴露，满足监管上的要求，VaR 方法逐渐发展成为一种主流方法。1933 年的 Glass Steagll Act 确定了商业银行和投资银行（我国通常称为券商）必须分业经营，但是进入 20 世纪 90 年代后，很多商业银行通过兼并投资银行、发行保险产品、将自己归入投资银行类别（Section 20 affiliates）等途径模糊了分业经营的严格界限。为此，国际清算银行（Bank for International Settlements，简称 BIS）提出风险调整的资本要求协议。为了满足监管上的需要，并且尽量提高资产的使用效率，各商业银行开发了很多内部模型用于测量风险暴露。其中 JP morgan 开发的 Risk Metrics 大力发展了 VaR 方法的应用，1998 年的巴塞尔协议关于市场风险草案中认可了计算资本要求的内部模型，而这些模型通常以 VaR 方法为基础，进一步确立了 VaR 方法的主流地位（Kaplan Schweser 2009）。

VaR（Value at Risk）是指在一定的置信度水平下，某一证券资产（或证券资产组合）在持有期内可能出现的最大损失，用公式表示即：

$$P(Lost > VaR) = 1 - \alpha$$

其中，Lost 表示证券资产组合在持有期 Δt 内的损失，α 为置信度水平。例如，"$\alpha = 99\%$" 表示：在 99% 的概率下，证券资产组合的最大损失 Lost 不会超过 VaR，或者说，证券资产组合的最大损失 Lost 超过 VaR 的可能性不会超过 1%（即 $1 - \alpha$）。计算 VaR 涉及三个要素：一是持有期的长短，二是置信度水平的大小，三是证券资产组合的损失分布。

VaR 表示损失的绝对值大小，一般来说是正数，可以是损失的具体金额，也可以是一个损失额与资产组合总额的百分比，下文中除非特别说明，一般用 VaR 表示损失百分比，主要是因为大部分模型都是针对收益率的，将收益率取相反数即为损失率，所以针对收益率的分布模型可以很容易地应用到 VaR 的计算当中。

假设资产组合的损失率 X 服从的分布函数为 F，则 $P(X \leqslant VaR) = \alpha$，即 $F(VaR) = \alpha$，如果分布函数 F 单调连续递增，则 $VaR = F^{-1}(\alpha)$，更一般的表示形式应为 $VaR = \inf\{x \mid F(x) > \alpha\}$。

6.2 VaR 的计算方法

VaR 的计算方法有很多，常见的有历史模拟法、方差—协方差方法和蒙特卡洛（Monte Carlo）模拟法（Jorion 2010）。

6.2.1 历史模拟法

历史模拟法假设历史在一定程度上会重演，直接利用证券组合损失率的历史数据根据 VaR 的定义进行计算，是一种直观的全估值方法。这种方法不需要对历史数据进行任何模型上的假设，允许非正态分布和方差的变异性，涵盖了"较厚的尾部"特征，是巴塞尔委员会关于市场风险计算的基础工具。计算步骤包括：首先确定历史数据的观测期（比如过去一年的日损失率序列），然后将观测期内的数据按从小到大顺利排列，根据置信度水平 α 将序列分为两部分，右边部分的最小值即该观测期内的 VaR。

应用历史模拟法最大的问题是观测期的选择，时间太长的话，可能市场结构已经发生了变化，历史越远的数据对未来的影响就越小，时间太短则很难覆盖所有的市场环境类型。还有一个问题是，VaR 最关注的是一定置信度水平下的最大损失,主要用到的是历史收益率序列的极端情况,而历史收益序列的两端数据点较少,而且变化较大,用历史模拟法容易出现数据不足的问题。通常,历史模拟法被用来检验其他计算 VaR 的模型。

6.2.2 方差—协方差方法

方差—协方差方法假设损失率序列服从某一概率分布,如正态分布、t 分布等,根据假定概率分布的分位数和历史数据的方差或协方差估计值计算 VaR。如果假设损失率服从正态分布,此方法通常称为"Delta-Normal"方法。具体步骤包括:首先利用损失率的历史数据计算资产组合的方差或协方差,然后利用既定的假设分布找到置信度水平 α 的分位数,最后代入下面公式即可得到 VaR,即:

$$VaR = Z_\alpha \sigma_p \sqrt{\Delta t}$$

其中 Z_α 为置信度水平 α 的分位数,σ_p 为组合标准差,Δt 为持有期。这里需要说明的是 Z_α 可以是任何存在二阶距的概率分布的分位数,组合标准差的计算稍微复杂些,假设资产组合包含 n 个不同的资产 $X = (x_1, x_2, \cdots, x_n)$,权重分别为 $W = (w_1, w_2, \cdots, w_n)$,各个资产之间的协方差矩阵为:

$$\Sigma = \begin{pmatrix} \sigma_1^2, & Cov(X_1,X_2), & \cdots, & Cov(X_1,X_n) \\ Cov(X_2,X_1), & \sigma_2^2, & \cdots, & Cov(X_2,X_n) \\ \vdots & & \cdots, & \vdots \\ Cov(X_n,X_1), & Cov(X_n,X_2), & \cdots, & \sigma_n^2 \end{pmatrix}$$

则组合标准差:$\sigma_p = \sqrt{W \Sigma W^T}$。因为 $\sigma_{daily} \cong \dfrac{\sigma_{monthly}}{\sqrt{30}} \cong \dfrac{\sigma_{annual}}{\sqrt{250}}$,所以假设的概率分布一旦确定,日 VaR 和月 VaR 或年 VaR 都是可以相互转化的,即若已知日 VaR 可以推导出任何持有期限的 VaR,例如 $VaR_{月} = \sqrt{30} VaR_{日}$,$VaR_{年} = \sqrt{250} VaR_{日}$。

方差—协方差方法的优点是操作简单，只需要查一下分位数和计算一下波动率即可完成 VaR 的估算；缺点是需要事先确定损失率的分布，并且不适用于包含非线性损失率的资产组合，如组合中有期权等衍生品（此时需要用 delta-gamma 方法）。

6.2.3 Monte Carlo 模拟法

Monte Carlo 模拟法又称"随机模拟法"，通过假设各资产收益率的分布状况及相关性，大量模拟未来可能出现的各种结果，然后以模拟的序列计算 VaR。对于包含期权嵌入的资产组合，Monte Carlo 模拟是行之有效的方法。模拟单个资产的损失率比较简单，只需要假设损失率服从某一随机过程，然后利用该随机过程产生随机数，就可以构造出损失率的一个模拟路径，针对每一条路径都可以计算出相应的 VaR，重复此过程可以得到大量的模拟路径，最后将每一条模拟路径上的 VaR 求均值，即可得到接近真实值的 VaR。对于多资产情况，模拟过程则比较复杂，既需要对每个资产的损失率分布做出假设，还需要考虑各个资产之间的相关性情况，如果已知各个资产损失率的联合分布则问题就变得简单了，Copula 理论的发展为解决这个问题提供了很好的帮助。

6.3 分布函数的估计

要计算一个资产组合的 VaR，免不了对资产组合收益序列分布函数的估计。已有大量的实证文献证明了，通常一个证券的收益率序列具有尖峰厚尾的特征，不符合正态分布，改进的方法有用 t 分布或者用混合正态分布代替，或者是对尾部部分单独进行建模，假设尾部服从某一极值分布函数。因为计算 VaR 最关注的是序列的尾部部分,所以用极值理论对"厚尾"数据单独进行建模更合适一些,对中间部分的数据则可以用经验分布拟合。要了解关于用极值理论估算 VaR 的详细介绍可参考文献——余为丽(2006)。

6.3.1 经验分布函数及核密度函数

设 X_1,X_2,…,X_n 是取自总体 X 的样本,将样本观测值 x_1,x_2,…,x_n 从小到大排序得到 $x_{(1)}$,$x_{(2)}$,…,$x_{(n)}$。适当选取略小于 $x_{(1)}$ 的数 a 和略大于 $x_{(n)}$ 的数 b,将区间 (a,b) 分成 k 个不相交的小区间。记第 i 个小区间为 I_i,其长度为 h_i。样本观测值落在区间 I_i 中的个数为 n_i,则样本的经验密度函数可表示为:

$$\hat{f}_n(x) = \begin{cases} \dfrac{n_i}{nh_i}, & x \in I_i, \ i = 1,2,\cdots,n \\ 0, & 其他 \end{cases}$$

容易发现某一点 x 处的样本观测值较多,那么 x 处的经验密度函数就大一些,反之就较小。显然,$\hat{f}_n(x)$ 的大小依赖于区间长度为 h_i,是以小区间 I_i 为划分的不连续的阶梯函数。可以考虑一个以 x 为中心,以 h/2 为半径的邻域,当 x 变动时,这个邻域的位置也在变动,用落在这个邻域内的样本点个数去估计 x 处的密度函数值,那么经验密度函数将会光滑一些。为此定义核密度函数:

$$\hat{f}_h(x) = \frac{1}{nh} \sum_{i=1}^{n} K\left(\frac{x - X_i}{h}\right)$$

其中,K(x) 是核函数,h 是窗宽,X_i 是取自总体的样本。核函数 K(x)满足下面性质:K(x) $\geq$ 0,且 $\int_{-\infty}^{\infty} K(x)dx = 1$。样本的累积分布函数为:

$$F_h(x) = \int_{-\infty}^{x} f_h(t)dt$$

窗宽 h 的选择会影响到分布函数的光滑程度，如果 h 取较大的值，将有较多的样本点对 x 处的密度估计产生影响，并且距 x 较近的点与较远的点对应的核函数值差别不大，此时密度函数 $\hat{f}_h(x)$ 应为较光滑的曲线，但同时也丢失样本数据所包含的信息，尤其是对"尖峰"的密度函数来说，变化剧烈的部分将被平滑掉。如果 h 取值较小，则容易产生过拟合现象，且 $\hat{f}_h(x)$ 会变成不光滑的折线。下面这个公式可用于求最佳窗宽：

$$\text{MISE}(\hat{f}_h) = E\left\{\int [\hat{f}_h(x) - f(x)]^2 dx\right\}$$

其中，f(x) 为总体的真实密度函数。MISE(Mean Integrated Squared Error) 是关于窗宽 h 的近似函数，最小化 MISE，就可以得到 h 的最优值。在核函数 K(x) 为高斯核函数 (Gaussian) 时，最佳窗宽近似等于：

$$\hat{h} = \left(\frac{4}{3}\right)^{\frac{1}{5}} \sigma n^{-\frac{1}{5}}$$

在实际应用中，总体方差 σ 可用样本标准差来代替。关于核密度函数的估计可参考《经济、金融计量学中的非参数估计技术》（李竹渝，2007）。

6.3.2 极值分布

极值统计分析区别于一般统计方法的地方主要在于样本数据的选择上，有资格成为极值的数据才能作为极值分布的样本数据。根据对极值数据的定义不同，主要的极值模型主要有以下四种（史道济，2006）：极值的经典模型，即规范化样本最大值的渐近分布模型，用"区组最大值"作为极值的观测数据；最大次序量统计模型，将区组中 r 个最大值作为极值的观测数据；阈值模型 POT(Peaks Over Threshold)，将超过阈值的数据作为极值的观测数据；点过程模型，落在远离原点区域上的点组成非齐泊松（Poisson）过程。

极值的经典模型是关于最大值统计量 M_n 分布模型。设 X_1，X_2，…，

X_n 是独立同分布的随机变量,$M_n = \max(X_1, X_2, \cdots, X_n)$,如果存在常数序列 $\{a_n | a_n > 0\}$ 和 $\{b_n\}$,使得:

$$\lim_{n \to \infty} P\left(\frac{M_n - b_n}{a_n} \leq x\right) = H(x), \quad x \in R$$

成立,其中 $H(x)$ 是非退化的分布函数,那么 $H(x)$ 必然属于下面三种类型之一:

Ⅰ型分布:$H_1(x) = \exp(-e^{-x}), \quad -\infty < x < +\infty$

Ⅱ型分布:$H_2(x) = \begin{cases} 0, & x \leq 0 \\ \exp(-x^{-\alpha}), & x > 0 \end{cases}$,其中参数 $\alpha > 0$

Ⅲ型分布:$H_3(x) = \begin{cases} \exp(-(-x)^\alpha), & x \leq 0 \\ 1, & x > 0 \end{cases}$,其中参数 $\alpha > 0$

其中,Ⅰ型分布称为 Gumbel 分布,Ⅱ型分布称为 Frechet 分布,Ⅲ型分布称为 Weibull 分布,这三种分布统称为"极值分布",而且可以统一表示为:

$$H(x; \mu, \sigma, \xi) = \exp\left(-\left(1 + \xi \frac{x - \mu}{\sigma}\right)^{-1/\xi}\right)$$

其中,$\mu, \sigma \in R$,$\sigma > 0$,ξ 为形状参数,μ 为位置参数,σ 为尺度参数。$\xi = 0$ 时,$H(x; \mu, \sigma, 0) = \lim_{\xi \to 0} H(x; \mu, \sigma, \xi) = \exp[-e^{-(x-\mu)/\sigma}]$。$H$ 称为"广义极值分布"(Generalized Extreme value Distributions),简记为"GEV 分布"。极值分布的类型完全取决于形状参数 ξ,如果 $X \sim H(x; \mu, \sigma, \xi)$,则标准化后随机变量 $(X - \mu)/\sigma \sim H(x; \xi)$。

GEV 分布的一阶近似为广义 Pareto 分布(Generalized Pareto Distribution),简记为"GPD 分布",是由 Pickands 在 1975 年首次介绍的,其分布函数为:

$$G(x; \xi, \beta) = 1 - \left(1 + \frac{\xi x}{\beta}\right)^{-1/\xi}$$

其中,ξ 为形状参数,β 为尺度参数,$\beta > 0$。$\xi = 0$ 时:

$$G(x; 0, \beta) = \lim_{\xi \to 0} G(x; \xi, \beta) = 1 - \exp(-x/\beta)$$

当 $\xi \geq 0$ 时，$y \geq 0$；当 $\xi \leq 0$ 时，$0 \leq y \leq \dfrac{-\beta}{\xi}$。

金融数据建模中应用最广泛的还是阈值模型（POT），因为有效地利用了有限的极端观察值（孔繁利，2006）。设 F(x) 是资产收益率序列的分布函数，u 为阈值，x－u 表示超出量，超出量的分布函数记为：

$$F_u(y) = P(X - u \leq y \mid X > u), 0 \leq y \leq x_0 - u$$

其中，$x_0 \leq +\infty$ 是 F 的右端点。超出量分布函数表示收益（或损失）超过阈值的概率，应用条件分布公式可得：

$$F_u(y) = \dfrac{F(u+y) - F(u)}{1 - F(u)}$$

所以有 $F(x) = F_u(y)[1 - F(u)] + F(u)$，$x > u$。

Pickands（1975）证明了对于常见的分布函数 F 的超出量分布函数 $F_u(y)$，存在一个 Pareto 分布 $G(y; \xi, \beta)$，使得：

$$F_u(y) \approx G(y; \xi, \beta) = 1 - \left(1 + \dfrac{\xi x}{\beta}\right)^{-1/\xi}$$

因此，对于充分大的阈值 u，超出量的分布函数可以用广义 Pareto 分布近似，进而可以得到 F(x) 的尾部分布函数（x > u 时）：

$$F(x) = G[y; \xi, \beta](1 - F(u)) + F(u)$$

F(x) 的尾部分布函数的估计主要涉及两部分内容，一是阈值 u 的选取，二是 GPD 分布中参数的估计。u 确定以后，F(u) 是一个固定的值，可以用经验分布的方法来估计。

定义平均超出量函数：$e(u) = E(X - u \mid x > u)$，那么样本的平均超出量函数为：

$$e_n(u) = \dfrac{\sum_{i=1}^{n}(x_i - u)^+}{N_u}$$

其中，$x_1, x_2, \cdots, x_n$ 为样本，N_u 为观测值超过阈值 u 的样本个数。GPD 的平均超出量函数为：

$$e(u) = \dfrac{\beta + \xi u}{1 - \xi}$$

因为 e（u）是关于 u 的线性函数，所以当样本观测值超过某一临界值后，e（u）成线性变化时，就可以确定此临界值为阈值。也可用 QQplot 图或 Hill 图等其他方法来确定阈值。

估计 GPD 分布中的参数最常用的方法有距估计、最大似然估计，这里给出对数似然函数 $L(\xi, \beta)$，对于样本 $\{x_i | x_i > u, i = 1, 2, \cdots, n\}$，

$$L(\xi,\beta) = \begin{cases} -n\ln\beta - \left(1 + \dfrac{1}{\xi}\right)\sum_{i=1}^{n}\left(1 + \dfrac{\xi}{\beta}x_i\right), & \xi \neq 0 \\ -n\ln\beta - \dfrac{1}{\beta}\sum_{i=1}^{n}x_i, & \xi = 0 \end{cases}$$

6.4 多元随机变量的 Monte Carlo 模拟

6.4.1 正态多元随机变量的模拟

先看多元正态分布的随机模拟。设 $X = (X_1, \cdots, X_k)$ 服从 k 维正态分布 $X \sim N_k(\mu, \Sigma)$，μ 是已知的 k 维均值向量，$\Sigma = (\sigma_{ij})_{k \times k}$ 是已知协方差矩阵。因 Σ 是正定的对称矩阵，所以一定可以表示成一个下三角矩阵与其转置矩阵相乘的形式（即 Cholesky 分解，可参考李庆扬等，2008）：$\Sigma = LL^T$，其中 L 是下三角矩阵。于是我们可以先生成 k 维彼此独立的标准正态分布随机向量 $Z = (Z_1, \cdots, Z_k) \sim N_k(0, I_k)$，然后令 $X = LZ + \mu$ 即可到 k 维正态分布的随机抽样了（茆诗松等，1998）。

相互独立的标准正态分布向量 Z 的随机生成是比较容易的，关键是正定矩阵 Σ 的分解。

首先，由 $X_1 = l_{11}Z_1 + \mu_1$，有 $\sigma_{11} = \text{Var}(X_1) = l_{11}^2$，所以 $l_{11} = \sqrt{\sigma_{11}}$。

接着考虑 X_2，因 $X_2 = l_{21}Z_1 + l_{22}Z_2 + \mu_2$，于是：

$$\sigma_{22} = \text{Var}(X_2) = l_{21}^2 + l_{22}^2$$
$$\sigma_{12} = \text{Cov}(X_1, X_2) = E[l_{11}Z_1(l_{21}Z_1 + l_{22}Z_2)] = l_{11}l_{21}$$

进而得到:

$$l_{21} = \frac{\sigma_{12}}{l_{11}} = \frac{\sigma_{12}}{\sqrt{\sigma_{11}}}$$

$$l_{22} = \left(\sigma_{22} - \frac{\sigma_{12}^2}{\sigma_{11}}\right)^{\frac{1}{2}}$$

如此进行,可得到一般的迭代公式:

$$l_{ij} = \frac{\sigma_{ij} - \sum_{n=1}^{j-1} l_{in}l_{jn}}{(\sigma_{jj} - \sum_{n=1}^{j-1} l_{jn}^2)^{\frac{1}{2}}}, i = 1, \cdots, k; j = 1, \cdots, i$$

至此,可以得到生成 k 维正态随机变量的步骤:

(1) 由迭代公式计算 l_{ij},其中 $i = 1, \cdots, k; j = 1, \cdots, i$;

(2) 由 N(0, 1) 分布独立抽出 k 个随机数 $z_1, \cdots, z_k$;

(3) 计算 $x = Lz + \mu$,其中 $z = (z_1, \cdots, z_k)$。

对于一般的随机向量 $X = (X_1, \cdots, X_k)$,假设其服从的分布函数为:

$$F(x_1, \cdots, x_k) = F_1(x_1)F_2(x_2 | x_1) \cdots F_k(x_k | x_1, \cdots, x_{k-1})$$

其中,$F_1(x_1)$ 为 X_1 的边缘分布,$F_i(x_i | x_1, \cdots, x_{i-1})$ 为 X_i 的条件边缘分布。设 $U_1, \cdots, U_k$ 是独立同分布的 [0, 1] 上的均匀分布,那么下面方程的解 $X_1, \cdots, X_k$ 服从 $F(x_1, \cdots, x_k)$ 分布:

$$\begin{cases} F(x_1) = U_1 \\ F_i(x_i | x_1, \cdots, x_{i-1}) = U_i, i = 2, \cdots, k \end{cases}$$

也就是说,先产生 k 维独立同分布的均匀随机变量,然后根据边缘分布(或条件边缘分布)分别求逆,即可得到服从某一分布 $F(x_1, \cdots, x_k)$ 的随机抽样。

6.4.2 Copula 随机模拟

在实际应用中,通常用 Copula 函数去拟合多元随机样本,Copula 函数也是一个联合分布，可以根据上述方法产生随机抽样，但是大多数时候边缘分布（或条件边缘分布）的逆并没有解析解，只能用数值方法计算。目前，大多数统计软件都提供了常用 Copula 函数的随机数产生函数，如 matlab 中的 Copularnd( )。

6.5 VaR 的实证研究

6.5.1 数据的选取及统计描述

我们选取上证指数收益率和深证成指收盘价序列作为分析对象，时间范围为 2002 年 1 月 4 日至 2011 年 12 月 30 日，数据来源于中投证券超强版行情客户端。累计收益率曲线如图 6-1。关于样本数据的统计性描述如表 6-1，三种正态分布拟合检验都说明样本数据不符合正态分布。

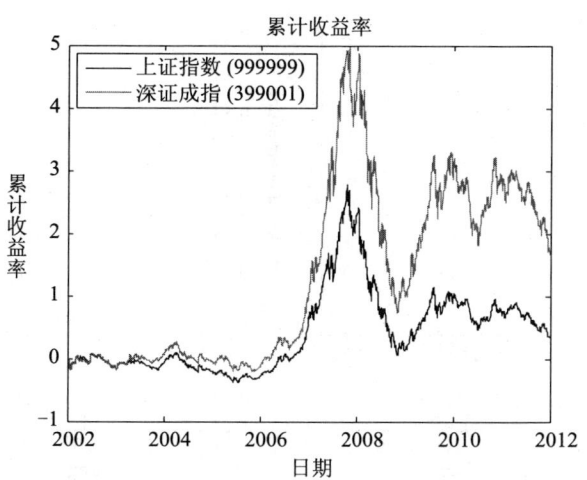

图 6-1 上证指数和深证成指日收盘价（2002.1.4～2011.12.30）

表6-1　　上证指数和深证成指日收益率数据的统计描述

	上证指数	深证成指
样本个数	2 421	2 421
最大值	0.094 5	0.095 9
最小值	−0.088 4	−0.092 9
均值	$2.8*10^{-4}$	$5.9*10^{-4}$
标准差	0.017 2	0.018 9
中位数	$5.8*10^{-4}$	$7.4*10^{-4}$
正态性检验（卡方检验p值）	10^{-20}	10^{-21}
正态性检验（KS检验p值）	$5*10^{-10}$	$8.6*10^{-8}$
正态性检验（lillie检验p值）	$<10^{-3}$	$<10^{-3}$

6.5.2　自相关性和异方差性的检验处理

从图6-2可以看出上证指数收益率序列的几乎没有自相关性，但是收益率的平方有一定的自相关性，这说明该序列具有异方差性。深证成指的收益率序列与此类似，在此就不列出其图表了。为消除异方差性，我们用

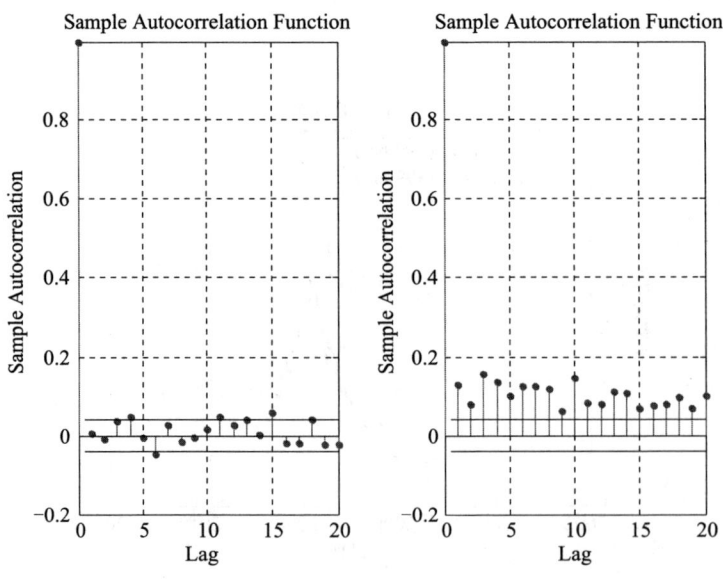

图6-2　上证指数收益率序列的自相关系数（左）及其平方的自相关系数（右）

garch(1, 1) 模型对收益率序列进行处理。一般的 garch(p, q) 模型如下：

$$x_t = f(t, x_{t-1}, x_{t-2}\cdots) + \varepsilon_t$$

$$\varepsilon_t = e_t \sqrt{h_t}$$

$$h_t = \omega + \sum_{i=1}^{p} \eta_i h_{t-i} + \sum_{j=1}^{q} \lambda_i \varepsilon_{t-j}$$

经过 garch(1, 1) 模型处理过的残差序列相关系数图如图 6-3，可以看出异方差性已经消除。

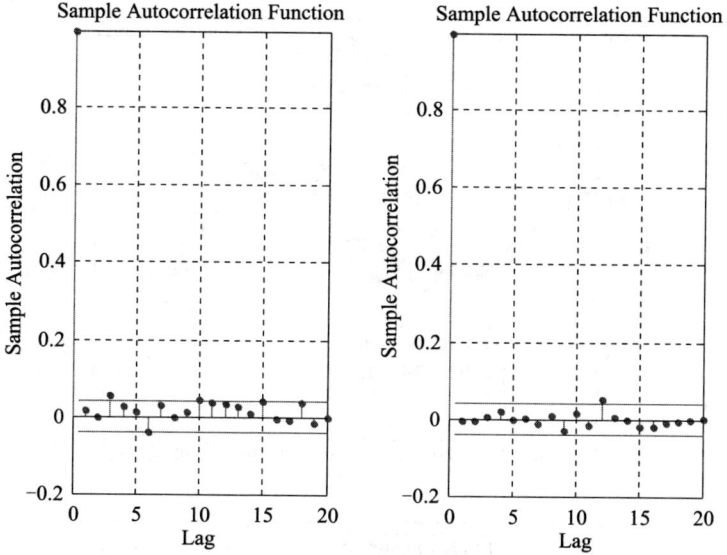

图 6-3 上证指数残差序列的自相关系数（左）及其平方的自相关系数（右）

6.5.3 确定阈值

计算样本的平均超出量函数：

$$e_n(u) = \frac{\sum_{i=1}^{n}(x_i - u)^+}{N_u}$$

这里 x_i 为上证指数（或深证成指）的收益率序列，样本数 n = 2421。令 $u_i = 0:0.001:0.1$，即 u 以步长 0.001 在区间 [0, 0.1] 上取值，分别计算不同取值下的 $\hat{e}(u_i)$，计算结果如图 6-4。这样我们可以得到收益率序列的上尾阈值 u_{up}，观察图 6-4，可以看出，上证指数收益率的 $\hat{e}(u_i)$ 值在 u_i 大于 0.05 以后开始呈现明显的线性变化，深证成指收益率的 $\hat{e}(u_i)$ 值在 u_i 大于 0.07 以后才呈现出纯线性变化趋势，但是在 u_i 大于 0.05 以后 $\hat{e}(u_i)$ 值表现为分段线性函数，考虑日收益率大于 0.07 的次数太少了（深证成指单日涨幅超过 0.07 的只有 6 次），不利于尾部部分的建模，因此将指数收益率序列的上尾阈值统一设为 $u_{up}=0.05$。

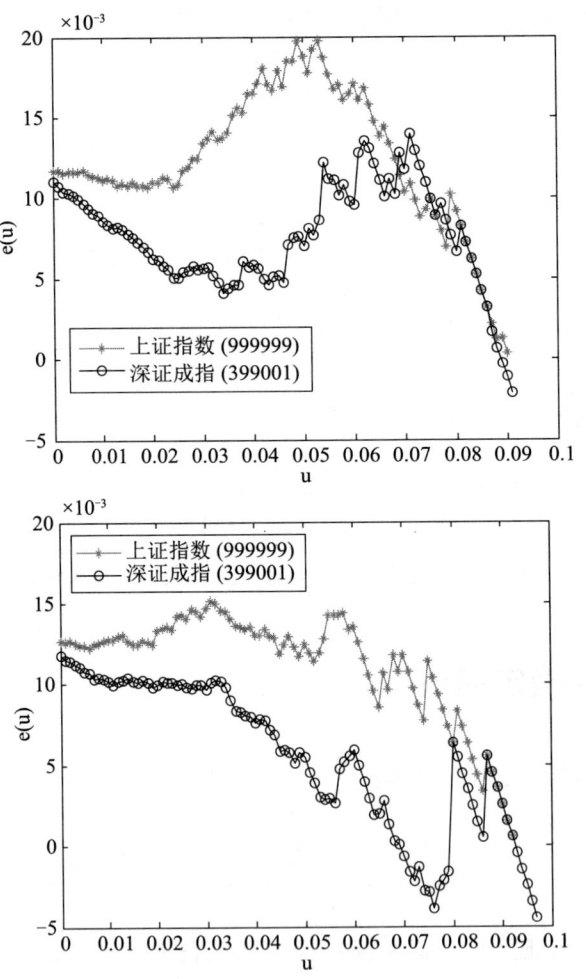

图 6-4 平均超出量 e(u)（上图是上尾部分，下图是下尾部分）

将收益率序列取相反数,用同样的方法即可得到下尾阈值 u_{low} = -0.055。上证指数收益率序列超过阈值的样本个数平均每年约 1.5 个,深证成指超过阈值的样本个数平均每年约 2.5 个,见表 6-2。

通过收益率序列的 Q-Q 图可以看出,当日收益率绝对值超出 0.02 时就开始偏离正态分布了。所以可以取阈值 u = 0.02。对于上证指数和深证成指的上尾部分和下尾部分都约有 10% 的数据落在阈值以外,如表 6-2。

表 6-2　　　　　　　　　超过阈值的样本点个数

超过阈值的样本个数	平均超出量法		Q-Q 图法	
	上尾阈值	下尾阈值	上尾阈值	下尾阈值
上证指数	16	15	228	224
深证成指	24	27	292	252

两种阈值判定方法的标准不同,得到结果也完全不一样。平均超出量法,不对底分布(即数据的中间部分)做任何假设,得到较为严格的阈值。Q-Q 图法假设中间部分数据服从为正态分布,对于"厚尾"的那部分认为是不服从正态分布的,于是判定为极值部分,得到的阈值较为宽松。两种方法各有优劣,实际建模时要注意两种方法的异同,本例中我们取上下两头各 5% 的数据作为极值部分,对应的阈值分别为:上证指数收益率序列的阈值分别为 -0.027 和 0.026,深证成指收益率序列的阈值分别为 -0.030 和 0.030。

6.5.4　分段函数拟合单变量样本数据

上下尾部各 5% 的数据用 Pareto 分布拟合,中间部分数据用核函数拟合。核密度函数采用 Guassian 核,窗宽估计值用公式 $\hat{h} = \left(\frac{4}{3}\right)^{\frac{1}{5}} \sigma n^{-\frac{1}{5}}$ 估算。上证指数收益率的残差序列的窗宽 $\hat{h}_{sh}$ = 0.002 6,深证成指收益序列的窗宽 $\hat{h}_{sz}$ = 0.002 9。然后计算估计一个点处的密度函数用到的样本数:

$$n_i = \frac{n}{(u_{up} - u_{low})/\hat{h}}。$$

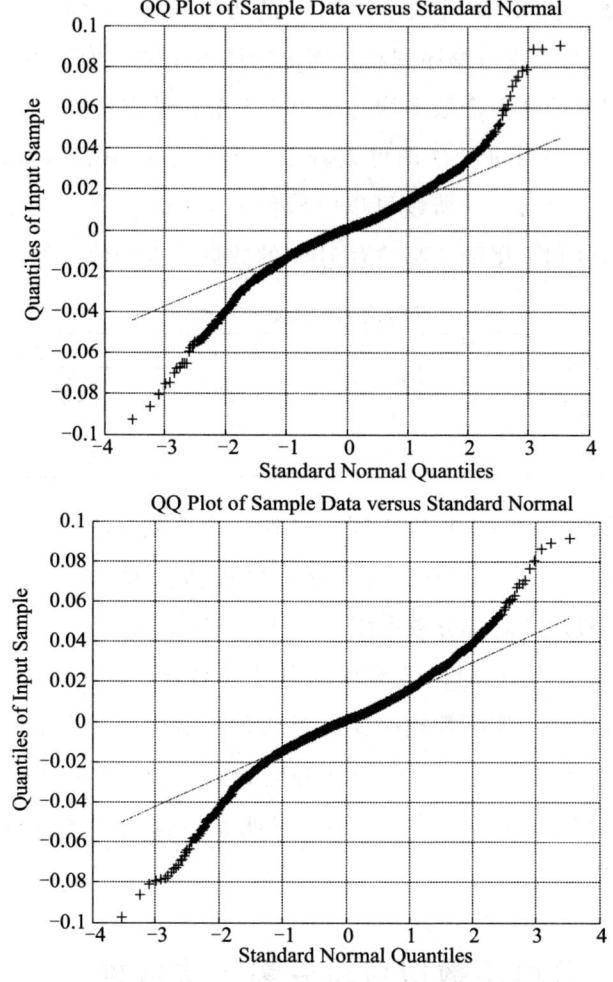

图 6-5 上证指数（上）和深证成指（下）收益率序列的 Q-Q 图

对于上证指数来说，$n_i = 2\ 421/\{[0.026 - (-0.027)]/0.002\ 6\} = 20.4$；

对于深证成指来说，$n_i = 2\ 421/\{[0.030 - (-0.030)]/0.002\ 9\} = 20.7$；

用经过处理的残差序列计算出的 n_i 也是约等于 20，这里不再列出其计算过程。

用 Pareto 分布拟合上尾部和下尾部，得到形状参数和尺度参数如表 6-3。图 6-6 和图 6-7 分别显示了根据样本数据拟合的广义 Pareto 分布和样本数据的累积分布函数对比情况,结果表明拟合效果非常理想。

表 6-3　　　　Pareto 拟合的形状参数和尺度参数

	下尾部分		上尾部分	
	形状参数	尺度参数	形状参数	尺度参数
上证指数	-0.026 6	0.647	0.07	0.547
深证成指	0.000 3	0.623	0.043	0.559

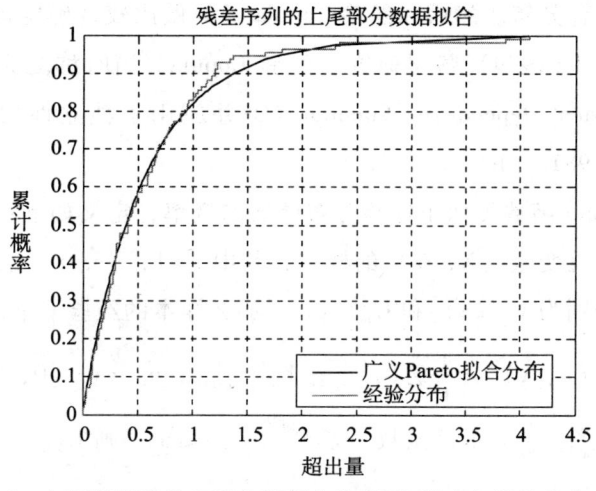

图 6-6　上证指数残差序列上尾部分的 GPD 拟合与经验分布对比图

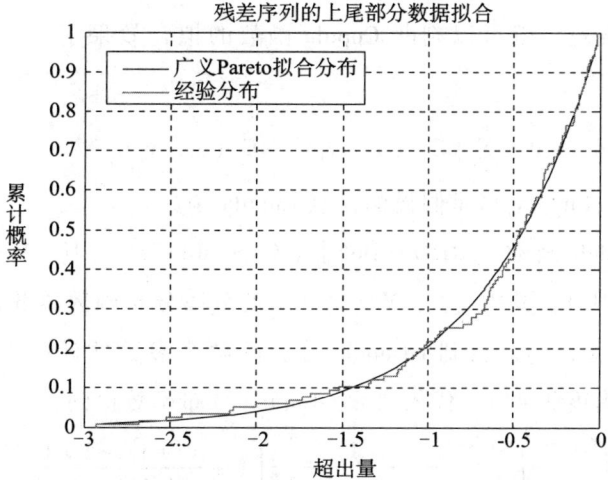

图 6-7　上证指数残差序列下尾部分的 GPD 拟合与经验分布对比图

6.5.5 用 Copula 拟合样本数据的联合分布

用分段函数分别拟合样本数据，得到了单变量的边缘分布。由前面的数据分析知道样本数据有明显的"厚尾"特征。我们分别用二元 t-Copula 函数、Gumbel Copula 函数、Clayton Copula 函数和二元正态 Copula 函数来拟合样本的联合分布。然后和经验 Copula 函数做比较，确定最优的 Copula 函数。Deheuvels(1979) 最早研究了经验 Copula，当时称之为"经验相关函数"(Empirical Dependence Functions)，并应用于独立性的非参数检验(Deheuvels, 1981a, b)。

经验 Copula 函数类似于经验分布函数的概率，定义如下：设 (x_i, y_i) 是取自二元随机变量 (X, Y) 的样本，其中 $i = 1, \cdots, n$。记 X 和 Y 的经验分布函数分别为 $F_n(x)$ 和 $G_n(x)$，那么样本的经验 Copula 函数为：

$$\hat{C}_n(u, v) = \frac{1}{n}\sum_{i=1}^{n} I_{[F_n(x_i) \leq u]} I_{[G_n(y_i) \leq v]}, \quad u, v \in [0, 1]$$

其中，$I_{[F_n(x_i) \leq u]}$ 为示性函数，若 $F_n(x_i) \leq u$，则 $I_{[F_n(x_i) \leq u]} = 1$，否则 $I_{[F_n(x_i) \leq u]} = 0$。

有了经验 Copula 函数，通过考察假设 Copula 函数与经验 Copula 函数之间的均方误差，就可以判断 Copula 函数的拟合效果了。定义均方误差如下：

$$d = \sum_{i=1}^{n} |\hat{C}_n(u_i, v_i) - \hat{C}(u_i, v_i)|^2$$

其中，$\hat{C}(u_i, v_i)$ 是假设的任意 Copula 函数。

调用 matlab 函数 [RHO, DoF] = Copulafit('t', [U, V], 'Method', 'ApproximateML')，其中 [U, V] 是样本的分段分布函数离散化后的数值，取值范围为 [0, 1]。得到 t-Copula 分布的两个参数估计：线性相关系数为 0.93，自由度为 4.4。代入二元 t-Copula 分布函数得到：

$$C^t(u,v) = \int_{-\infty}^{T_{4.4}^{-1}(u)} \int_{-\infty}^{T_{4.4}^{-1}(v)} \frac{1}{2\pi\sqrt{1-0.93^2}} \left[1 + \frac{s^2 + t^2 - 2 \times 0.93st}{4.4(1-0.93)^2}\right]^{-\frac{4.4+2}{2}} dsdt$$

样本的经验频数直方图和拟合的二元 t-Copula 分布见图 6-8。

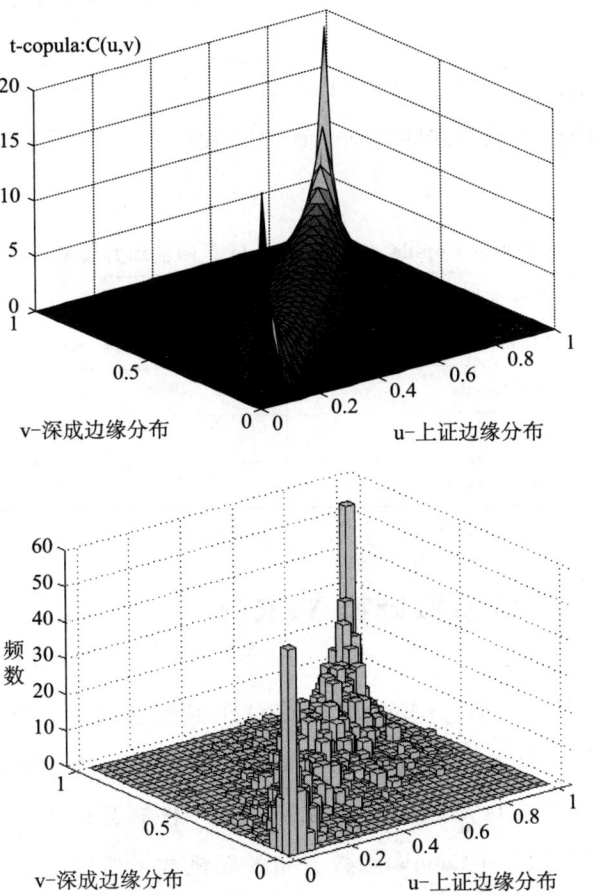

图 6-8　t-Copula 分布的密度函数（上）和经验频数直方图（下）

调用 alpha = Copulafit('Gumbel', [U, V]) 函数得到 Gumbel Copula 函数的参数 alpha = 4.14。代入其分布函数有：

$$C^{Gumbel}(u,v) = \exp\{-[(-\ln u)^{\frac{1}{4.14}} + (-\ln v)^{\frac{1}{4.14}}]^{4.14}\}$$

调用 theta = Copulafit('Clayton', [U, V]) 函数得到 Clayton Copula 函数的参数 theta = 4.55。代入其分布函数有：

$$C^{Clayton}(u,v) = (u^{-4.55} + v^{-4.55} - 1)^{-\frac{1}{4.55}}$$

调用 rho = Copulafit('Guassian',[U,V]) 函数得到二元正态 Copula 函数的参数——线性相关系数 rho = 0.93。代入其分布函数有：

$$C^{Gaussian}(u,v) = \int_{-\infty}^{\Phi^{-1}(u)} \int_{-\infty}^{\Phi^{-1}(v)} \frac{1}{2\pi\sqrt{1-0.93^2}} \exp\left(\frac{-(s^2+t^2-2\times 0.93st)}{2(1-0.93^2)}\right) dsdt$$

与经验 Copula 函数之间的均方误差见表 6-4，可以发现 t-Copula 的拟合效果最好。

表 6-4 不同类型 Copula 与经验 Copula 之间的均方误差对比

Copula 类型	均方误差
t-Copula	545.6
Gumbel Copula	554.8
Clayton Copula	547.4
Gaussian Copula	546.6

6.5.6 随机模拟计算 VaR

由前面的分析知道，t-Copula 函数对样本数据的拟合效果最好。理论上，已知联合分布函数，求置信度 α 对应的分位数，即可得到相应的 VaR。但是求 t-Copula 函数的分位数并不是一件容易的事。因此，可行的一个办法是产生服从 t-Copula 函数分布的随机数，然后应用 Monte Carlo 方法计算 VaR。我们称这种方法为"GPD-Garch-t-Copula"方法。

表 6-5 至表 6-7 是不同方法计算的 VaR 对比，可以看出 GPD-Garch-t-Copula 方法计算出的 VaR 最小。

表 6-5 95% 置信度水平下不同方法计算的 VaR 值对比

VaR 值	1 天	1 周	10 天	1 月
历史模拟法	2.74%	6.81%	8.83%	14.61%
方差—协方差方法	2.88%	6.45%	9.12%	13.53%
GPD-Garch-t-Copula 法	2.15%	5.40%	7.40%	11.25%

表 6-6　　97.5%置信度水平下不同方法计算的 VaR 值对比

VaR 值	1 天	1 周	10 天	1 月
历史模拟法	3.79%	8.44%	11.38%	19.00%
方差—协方差方法	3.44%	7.70%	10.89%	16.16%
GPD-Garch-t-Copula 法	2.85%	6.67%	9.17%	14.02%

表 6-7　　99%置信度水平下不同方法计算的 VaR 值对比

VaR 值	1 天	1 周	10 天	1 月
历史模拟法	5.07%	10.44%	15.90%	24.10%
方差—协方差方法	4.10%	9.16%	12.95%	19.21%
GPD-Garch-t-Copula 法	3.68%	8.17%	11.38%	17.40%

6.6　本章小结

本章首先简单介绍金融风险管理中在险价值 VaR 的基本概念，并介绍计算 VaR 的常规方法：历史模拟法、方差—协方差法、蒙特卡洛模拟法，然后分别阐述如何用 Garch 模型来处理异方差问题、如何应用极值理论拟合尾部分布、如何用 Copula 度量相关性（包括参数估计和有效性检验），最后将这些方法应用到 VaR 的计算中，并应用上证指数和深证成指的实例，详细说明 VaR 的计算过程，为下一章讨论 VaR 的界奠定理论基础。

第 7 章

应用 Copula 界估算 VaR 的界

VaR 仅仅以一个数字就向人们传达了丰富的信息，管理者或者股东不需要详细调查各个业务部门的投资组合构成就能知道公司未来所面临的风险；投资经理可以根据不同交易员的 VaR 分配资产；投资者可以根据 VaR 评估基金管理人的风险收益比。总之，VaR 因其简单且包含了风险管理的关键要素受到工业界的广泛应用。但是用统计学的观点来分析 VaR 就会发现，VaR 实际上类似于参数估计中的点估计，本质上，VaR 是一个分布函数的分位数。事实上，分位数的估计和样本的数量及样本所服从的概率分布有很大的关系。一项调查结果中的百分比和一定置信度水平下的误差范围同样重要（吴喜之 2004）。所以，在忽略了样本量的情况下，报告 VaR 的同时给出 VaR 的一个范围，应该可以对 VaR 的使用者提供更大的帮助。

7.1 VaR 界的研究现状

金融资产之间的相关关系复杂多变，所以多个金融资产所面临的风险更难以估算，Copula 理论的发展为金融风险管理提供了很多帮助。本章主要讨论多元金融风险的 VaR 范围的估计。

已有不少文献研究了如何将 Copula 理论应用于 VaR 的计算（何旭彪，2005；赵丽琴，2009；傅强等，2009；刘晓星等，2010；吴庆晓等，2011），但是对 VaR 上下界的估算，国内学者研究的还比较少。目前仅有史道济（2004），王爱莉（2004），尚英锋（2005）对二元变量的 VaR 界做了详细介绍，并分别对美元/英镑和加元/英镑的 VaR 界、美元/英镑和欧元/英镑的 VaR 界做了实证研究。

国外学者对多元 VaR 界的研究要从多元随机变量函数的上下界说起，因为对多元随机变量函数的界求逆即可得到 VaR 界。Makarov, G. D.

(1982)、Frank M. J.、Nelsen R. B. 和 Schweizer B.（1987）研究了二元随机变量 X；Y 的和的上下界，Williamson R. C. 和 Downs T.（1990）进一步讨论了 L（X，Y）的上下界，L 是加（+）、减（-）、乘（×）、除（÷）之中的任何一种运算，并用数值方法做了说明。Denuit M. 等（1999）结合 Copula 研究了保险中多元相关风险和的边界，Kass R. 等（2000）及 Cossette H. 等（2001）研究了放宽约束下的多元相关风险和的边界问题。Embrechts P.（2003）多元相关风险和的边界问题如何应用在 VaR 边界的计算做详细阐述。Embrechts P. 等（2005）对多元风险的相关结构进行了深入研究，讨论了最坏情形下的 VaR。Kass R. 等（2009）深入研究了已知相关信息对 Copula 上下界的收窄作用，提出了将 Copula 边界的研究结果应用于 VaR 边界计算的设想，但是并没有进行进一步的深入研究或实证分析。

本章主要研究多元金融风险的 VaR 边界问题，在总结前人的研究成果基础上，将最新的 Copula 边界的研究成果应用于 VaR 边界的计算，对多元 VaR 界进行了实证分析。

7.2 二元随机变量和的边界

设 X、Y 为随机变量，其边缘分布分别为 F 和 G，联合分布为 Copula 函数 C，定义函数：

$$\tau_{C,+}(F, G)(t) = \sup_{x+y=t} \{C[F(x), G(y)]\}$$

$$\rho_{C,+}(F, G)(t) = \inf_{x+y=t} \{C^d[F(x), G(y)]\}$$

$$\sigma_{C,+}(F, G)(t) = \int_{x+y \leqslant t} dC[F(x), G(y)]$$

其中，C^d 是 Copula 函数 C 的对偶函数，即：

$$C^d(u, v) = u + v - C(u, v)$$

$\sigma_{C,+}(F,G)(t)$ 实际上是 $X+Y$ 的分布函数 $P(X+Y \leq t) = \int_{x+y \leq t} dC[F(x), G(y)]$。上面三个函数之间有如下不等式关系：

$$\tau_{C,+}(F,G)(t) \leq P(X+Y \leq t) \leq \rho_{C,+}(F,G)(t) \quad (7.1)$$

联系 VaR 的定义：$VaR_\alpha(X) = F^{-1}(X)$，那么两个收益率序列和的 VaR 满足不等式：

$$\rho_{C,+}(F,G)^{-1}(\alpha) \leq VaR_\alpha(X+Y) \leq \tau_{C,+}(F,G)^{-1}(\alpha) \quad (7.2)$$

对于多元随机变量的 VaR 有下面更一般的结果。

7.3 n 元随机变量和的边界

对于随机变量 $X_1, X_2, \cdots, X_n$，定义增函数 $\psi: R^n \to R$。计算资产组合的 VaR 等价于计算 $\psi(x_1, \cdots, x_n) = x_1 + \cdots + x_n$ 的分位数。定义右逆如下：

设 $\varphi: R \to R$，是一元增函数，$\hat\varphi(y) \doteq \sup\{x \in R \mid \varphi(x) \leq y\}$。

对于 Copula 函数 C，其边缘分布函数分别是 $F_1, \cdots, F_n$，定义如下三个函数：

$$\tau_{C,\psi}(F_1, \cdots, F_n)(s) = \sup_{x_1, \cdots, x_{n-1}} \{C[F_1(x_1), \cdots, F_{n-1}(x_{n-1}), F_n[\hat\psi_{x_1, \cdots, x_{n-1}}(s)]]\}$$

$$\rho_{C,\psi}(F_1, \cdots, F_n)(s) = \inf_{x_1, \cdots, x_{n-1}} \{C^d(F_1(x_1), \cdots, F_{n-1}(x_{n-1}), F_n(\hat\psi_{x_1, \cdots, x_{n-1}}(s)))\}$$

$$\sigma_{C,\psi}(F_1, \cdots, F_n)(s) = \int_{\psi \leq s} dC(F_1(x_1), \cdots, F_n(x_n))$$

$\psi_{x_1, \cdots, x_{n-1}}$ 表示 $x_1, \cdots, x_{n-1}$ 固定，关于 x_n 的函数。

定理 7.1：如果已知 $C \geq C_0$，$C^d \leq C_1^d$，那么：

$$\tau_{C_0,\psi}(F_1, \cdots, F_n) \leq \sigma_{C,\psi}(F_1, \cdots, F_n) \leq \rho_{C_1,\psi}(F_1, \cdots, F_n) \quad (7.3)$$

转化成 VaR 的形式：

$$\rho_{C_1,\psi}(F_1,\cdots,F_n)^{-1}(\alpha) \leqslant \text{VaR}_\alpha[\psi(X_1,\cdots,X_n)] \leqslant \tau_{C_0,\psi}(F_1,\cdots,F_n)^{-1}(\alpha)$$
(7.4)

下面的定理说明了上述定理中的界是最优的（Pointwise Best-Possible）。

定理 7.2：对于任意的 $s \in R$，$\tau_{C_0,\psi}(F_1,\cdots,F_n)(s) = \alpha$，$\rho_{C_1,\psi}(F_1,\cdots,F_n)(s) = \beta$，显然 $\alpha \leqslant \beta$，一定存在 Copula 函数 C^α 和 C^β 满足：

$$\sigma_{C^\alpha,\psi}(F_1,\cdots,F_n)(s) = \alpha$$

$$\sigma_{C^\beta,\psi}(F_1,\cdots,F_n)(s) = \beta$$

定理 7.3（对偶定理）：令 $-\infty \leqslant a < b \leqslant +\infty$，连续增函数 $\psi:[a,b]^n \to [a,b]$，对于 Copula 函数 C_0，边缘分布是 $F_1,\cdots,F_n$，记：

$$F_{\min} = \tau_{C_0,\psi}(F_1,\cdots,F_n)$$

$$F_{\max} = \rho_{C_1,\psi}(F_1,\cdots,F_n)$$

那么对于任意 $\alpha \in (0,1)$ 有：

$$F_{\min}^{-1}(\alpha) = \inf_{C_0(u_1,\cdots,u_n)=\alpha} \{\psi(F_1^{-1}(u_1),\cdots,F_n^{-1}(u_n))\} \quad (7.5)$$

$$F_{\max}^{-1}(\alpha) = \sup_{C_1^d(u_1,\cdots,u_n)=\alpha} \{\psi(F_1^{-1}(u_1),\cdots,F_n^{-1}(u_n))\} \quad (7.6)$$

定理 7.3 中的函数 ψ 比定理 7.1 和 7.2 中的 ψ 定义域严格了一些，由 $R^n \to R$ 变成了 $[a,b]^n \to [a,b]$，只要 $[a,b]$ 所覆盖的范围足够大，实际应用中影响不大。定理 7.3 之所以称为对偶定理是因为（7.5）式和（7.6）式与下面两式呈现对偶关系：

$$\sup_{\psi(t_1,\cdots,t_n)=s} C_0(F_1(t_1),\cdots,F_n(t_n)) \quad (7.7)$$

$$\inf_{\psi(t_1,\cdots,t_n)=s} C_1^d(F_1(t_1),\cdots,F_n(t_n)) \quad (7.8)$$

（7.5）式等号右端和（7.7）式，（7.6）式等号右端和（7.8）式，把 inf 和 sup 互换，把 F_i 和 F_i^{-1} 互换，把 ψ 和 C_0（或 C_1^d）互换，就可以分别得到另一式。

事实上，固定 s，对于非空集合 $\{(t_1,\cdots,t_n) \mid \psi(t_1,\cdots,t_n) = $

$s\}$，条件$\psi_{t_n}(t_1, \cdots, t_{n-1}) = \psi(t_1, \cdots, t_n) = s$ 和 $\hat{\psi}_{t_1,\cdots,t_{n-1}}(s-) \leq t_n \leq \hat{\psi}_{t_1,\cdots,t_{n-1}}(s)$ 是等价的。因为 $C_0(F_1(t_1), \cdots, F_n(t_n))$ 是关于 $t_1, \cdots, t_n$ 的增函数，所以它在集合 $\{(t_1, \cdots, t_n) \mid \psi(t_1, \cdots, t_n) = s\}$ 的上确界一定在 t_n 的最大值 $\hat{\psi}_{t_1,\cdots,t_{n-1}}(s)$ 处取得，即：

$$F_{\min}(s) = \sup_{t_1,\cdots,t_{n-1}} C_0\{F_1(t_1), \cdots, F_{n-1}(t_{n-1}), F_n[\hat{\psi}_{t_1,\cdots,t_{n-1}}(s)]\}$$

$$= \sup_{\psi(t_1,\cdots,t_n)=s} C_0\{F_1(t_1), \cdots, F_n(t_n)\}$$

所以有 $F_{\min}^{-1}(\alpha) = \inf_{C_0(u_1,\cdots,u_n)=\alpha} \{\psi[F_1^{-1}(u_1), \cdots, F_n^{-1}(u_n)]\}$。

7.4 数值方法求解随机变量和的边界

置信度水平为 α 的 VaR_α 的上下界的计算，等价于求 $F-1_{\min}$ 和 $F-1_{\max}$。实际应用中，一元概率分布的分位数可以通过查表找到，对于多元情况一般只能借助于数值算法。

设 $1/N$ 是计算所要求的精度，令 $\alpha = r/N$，只要 N 足够大一般能保证 r 是正整数。对于任意 $l_1, \cdots, l_{n-1} \in \{0, 1, \cdots, N\}$，通过解关于 u_n 的一元方程：

$$C_0(l_1/N, \cdots, l_{n-1}/N, u_n) = r/N$$

就可以计算 $\psi[F_1^{-1}(l_1/N), \cdots, F_{n-1}^{-1}(l_{n-1}/N), F_n^{-1}(u_n)]$ 的值了，记 $u_n = v_{r,l_1,\cdots,l_{n-1}}$。

因为 $C_0(l_1/N, \cdots, l_{n-1}/N, u_n)$ 是 $[0, 1]$ 到 $[0, (C_0)_{1,\cdots,n-1}(l_1/N, \cdots, l_{n-1}/N)]$ 的一元函数，其中 $(C_0)_{1,\cdots,n-1}$ 是 C_0 的 $n-1$ 维边缘分布函数，所以，只要

$$(C_0)_{1,\cdots,n-1}(l_1/N, \cdots, l_{n-1}/N) \geq r/N$$

u_n 的解 $v_{r,l_1,\cdots,l_{n-1}}$ 就存在。令：

$$A_{r,l_1,\cdots,l_{n-1}} = \{l_1,\cdots,l_{n-1} \mid (C_0)_{1,\cdots,n-1}(l_1/N,\cdots,l_{n-1}/N) \geq r/N\}$$

那么：

$$q_{min}(r/N) = \min_{A_{r,l_1,\cdots,l_{n-1}}} \{\psi[F_1^{-1}(l_1/N),\cdots,F_{n-1}^{-1}(l_{n-1}/N),F_n^{-1}(v_{r,l_1,\cdots,l_{n-1}})]\}$$

可以作为 $F_{min}^{-1}(\alpha)$ 的一个近似。

同理，类似地可以得到 $F_{max}^{-1}(\alpha)$ 的一个近似：

$$q_{max}(r/N) = \max_{B_{r,l_1,\cdots,l_{n-1}}} \{\psi[F_1^{-1}(l_1/N),\cdots,F_{n-1}^{-1}(l_{n-1}/N),$$
$$F_n^{-1}(v^*_{r,l_1,\cdots,l_{n-1}})]\}$$

其中 $v^*_{r,l_1,\cdots,l_{n-1}}$ 是 $C_1^d(l_1/N,\cdots,l_{n-1}/N,u_n) = r/N$ 关于 u_n 的解，

$$B_{r,l_1,\cdots,l_{n-1}} = \{l_1,\cdots,l_{n-1} \mid (C_1^d)_{1,\cdots,n-1}(l_1/N,\cdots,l_{n-1}/N) \leq r/N\}。$$

为了便于理解上面的公式，我们给出二元形式的 q_{min} 和 q_{max}：

$$q_{min}(r/N) = \min_{r \leq l \leq N} \{\psi[F_1^{-1}(l/N), F_2^{-1}(v_{r,l})]\}$$

$$q_{max}(r/N) = \max_{0 \leq l \leq r} \{\psi[F_1^{-1}(l/N), F_2^{-1}(v^*_{r,l})]\}$$

其中：

$C_0(l/N,) = r/N$ 有解等价于 $l \geq r$，所以 $n=2$ 时，$A_{r,l_1,\cdots,l_{n-1}} = \{l \mid r \leq l \leq N\}$，

$C_1^d(l/N,) = r/N$ 有解，即 $C_1(l/N,v) = u+v-r/N$ 关于 v 有解，等价于 $l \leq r$，所以 $n=2$ 时，$B_{r,l_1,\cdots,l_{n-1}} = \{l \mid 0 \leq l \leq r\}$。

7.5 Copula 函数下界汇总

如果已知 $C(u,v) \geq C_0(u,v)$，$u,v \in [0,1]$，那么 $u+v-C_0(u,v) \leq u+v-C(u,v)$，所以 $C^d(u,v) \leq C_0^d(u,v)$。因此由定理 7.1 可知，在计算 VaR 的边界时，只需要 Copula 函数的下界即可。表 7-1 是对二元 Copula 函数的下界的一个简要总结。

表 7-1　　　　　　　　二元 Copula 函数下界汇总

编号	条件	公式
7.1	无相关信息	$W(u,v) = u+v-1$
7.2	$C(a,b) = \theta$	$\overline{C}_{(a,b),\theta}(u,v) = \begin{cases} \max(0, u-a+v-b+\theta) & (u,v) \in [0,a] \times [0,b] \\ \max(0, u+v-1, u-a+\theta) & (u,v) \in [0,a] \times [b,1] \\ \max(0, u+v-1, v-b+\theta) & (u,v) \in [a,1] \times [0,b] \\ \max(\theta, u+v-1) & (u,v) \in [a,1] \times [b,1] \end{cases}$
7.3	Kendall $\tau = t$	$\overline{T}_t(u,v) = \max\left\{W(u,v), \frac{1}{2}\left[(u+v) - \sqrt{(u+v)^2 + 1 - t}\right]\right\}$
7.4	Spearman $\rho = t$	$\overline{P}_t(u,v) = \max\left(W(u,v), \frac{u+v}{2} - p(u-v, 1-t)\right)$
7.5	Blomqvist $\beta = t$	$\overline{B}_t(u,v) = \max\left(W(u,v), \frac{t+1}{4} - \left(\frac{1}{2} - u\right)^+ - \left(\frac{1}{2} - v\right)^+\right)$
7.6	$C(a,b) = \theta$ 且 $C \geq \Pi$	$C(u,v) \geq \begin{cases} \max(uv, u-a+v-b+\theta) & (u,v) \in [0,a] \times [0,a] \\ \max(uv, u-a+\theta) & (u,v) \in [0,a] \times [b,1] \\ \max(uv, v-b+\theta) & (u,v) \in [b,1] \times [0,a] \\ \max(uv, \theta) & (u,v) \in [b,1] \times [b,1] \end{cases}$
7.7	Kendall $\tau = t$ 且 $C \geq \Pi$	$\overline{C}_{PQD,\tau}(u,v) = \max\left(uv, \frac{1}{2}(u+v - \sqrt{(u-v)^2 + 1 - t})\right)$
7.8	Spearman $\rho = t$ 且 $C \geq \Pi$	$\overline{C}_{PQD,\rho}(u,v) = \max\left(uv, \frac{1}{2}(u+v - \varphi(u,v,t))\right)$
7.9	Blomqvist $\beta = t$ 且 $C \geq \Pi$	$\overline{C}_{PQD,\beta}(u,v) = \max\left(uv, \frac{t+1}{4} - \left(\frac{1}{2} - u\right)^+ - \left(\frac{1}{2} - v\right)^+\right)$
7.10	Kendall $\tau = t$ 和 Blomqvist $\beta = t$	$\overline{C}_{\tau,\beta}(u,v) = \max\left(u+v-1, \frac{t+1}{4}, \sqrt{(u-v)^2 - t + (t+1)\left(1 - \frac{t+1}{4}\right)}\right)$

注：$\Pi = uv$，$p(a,b) = \frac{1}{6}\left[(9b + 3\sqrt{9b^2 - 3a^6})^{1/3} + (9b - 3\sqrt{9b^2 - 3a^6})^{1/3}\right]$。

在实际应用中，由样本数据比较容易推断总体是否正象限相依，以及估计总体的相关系数，而很难明确知道某点的 Copula 值，所以 (7.2) 式和 (7.6) 式尽管在理论分析中起到了重要作用（是证明其他公式的基础），实证中却难以应用。下面是对各类 Copula 界的特征做一简要评述。

(7.3) 式中，$t \in [-1, 0]$ 时，$\overline{T}_t = W$，即当 Kendall 相关系数小于 0

时，对 Copula 函数的下界没有贡献。当 $t > 1 - 4(1-u)(1-v)$ 时，Copula 函数的下界会得到进一步的收窄，即 $\bar{T}_t > W$。

(7.4) 式中，$t \in \left[-1, -\frac{1}{2}\right]$ 时，$\bar{P}_t = W$，即当 Spearman 相关系数小于 -0.5 时，对 Copula 函数的下界没有贡献。

(7.5) 式中，$t \in \left[-1, -\frac{1}{4}\right]$ 时，$\bar{B}_t = W$，即当 Blomqvist 相关系数小于 -0.25 时，对 Copula 函数的下界没有贡献。$t > 4\left\{\max\left(\frac{1}{2}, u\right) + \max\left(\frac{1}{2}, v\right) - 1\right\} - 1$ 时，Copula 函数的下界会得到进一步的收窄，即 $\bar{B}_t > W$。

(7.7) 式中，$t \in \left[-1, \frac{3}{4}\right]$ 时，$\bar{T}_t = \Pi$，即当 Kendall 相关系数小于 $\frac{3}{4}$ 时（Kaas Rob、Laeven Roger J. A. 和 Nelsen Roger B.，2009），对正象限相依 Copula 函数的下界没有贡献。进一步，当 $t > 1 - 4uv(1-u)(1-v)$ 时，Copula 函数的下界才会得到进一步的收窄，即 $\bar{T}_t > \Pi$。

(7.8) 式中，$t \in \left[-1, \frac{13}{16}\right]$ 时，$\bar{T}_t = \Pi$，即当 Spearman 相关系数小于 $\frac{13}{16}$ 时（Kaas Rob、Laeven Roger J. A. 和 Nelsen Roger B.，2009），对正象限相依 Copula 函数的下界没有贡献。

(7.9) 式中，$t \in [-1, 0]$ 时，$\bar{T}_t = \Pi$，即当 Blomqvist 相关系数小于 0 时，对正象限相依 Copula 函数的下界没有贡献。

7.6 二元 VaR 界的实证分析

仍然选取上证指数收益率和深成指收益率序列作为分析对象，时间范围为 2002 年 1 月 4 日至 2011 年 12 月 30 日，共有样本 2421 个。

7.6.1 静态 VaR 界

情景 1：不对上证指数收益率和深证成指收益率的相关性做任何假设。

收益率边缘分布的连接函数 Copula 的下界为 $W(u, v) = u + v - 1$。为了便于 VaR 计算，我们将收益率取负，称为"损失率"。设上证指数损失率的边缘分布为 $u = F_1(x)$，深证成指损失率的边缘分布为 $v = F_2(y)$。给定置信度 $\alpha = r/N$，$VaR_\alpha(X + Y)$ 的上界为：

$$q_{min}(r/N) = \min_{r \leq l \leq N} \{\psi[F_1^{-1}(l/N), F_2^{-1}(v_{r,l})]\}，其中 v_{r,l} = r/N + 1 - l/N；$$

$VaR_\alpha(X + Y)$ 的下界为：

$$q_{max}(r/N) = \max_{0 \leq l \leq r} \{\psi[F_1^{-1}(l/N), F_2^{-1}(v_{r,l}^*)]\}，其中 v_{r,l}^* = r/N - l/N。$$

边缘分布的估算，上下尾部各取 5% 用广义 Pareto 分布拟合，中间部分用经验函数拟合，即：

中间部分：$F_h(x) = \int_{-\infty}^{x} f_h(t) dt$

上尾部分：$F_{up}(x) = 1 - \left(1 + \dfrac{\xi_{up} x}{\sigma_{up}}\right)^{-1/\xi_{up}}$

下尾部分：$F_{low}(x) = 1 - \left(1 + \dfrac{\xi_{low} x}{\sigma_{low}}\right)^{-1/\xi_{low}}$

边缘分布 $F_1(x)$ 的各参数估计值为：

$\xi_{up} = -0.1229$，$\sigma_{up} = 0.0155$；$\xi_{low} = 0.2589$；$\sigma_{low} = 0.0093$。上尾部分阈值为 0.0275，下尾部分阈值为 -0.0271，上尾部分和下尾部分的 Pareto 分布函数对比图见图 7-1。边缘分布 $F_2(x)$ 的各参数估计值为：

$\xi_{up} = -0.1841$，$\sigma_{up} = 0.0183$；$\xi_{low} = 0.0141$，$\sigma_{low} = 0.0133$

不同置信度水平下 VaR 范围的估计结果如表 7-2。历史回测发现，超出上界的百分比远远小于给定的置信度水平，下界基本上接近于 0，可能是因为假设条件太宽泛了，没有得到有意义的下界。

表 7-2　　情景 1 不同置信度水平下 VaR 范围的估计结果

置信度水平	0.9	0.95	0.975	0.99
VaR 上界	0.0287	0.0398	0.0498	0.0615
VaR 下界	-0.0021	-0.0011	-0.0005	0.0011
区间长度	0.0308	0.0409	0.0503	0.0604

表 7-3　　情景 1 历史回测超过上界的百分比

置信度水平	0.9	0.95	0.975	0.99
超过上界的百分比	4.71%	2.35%	1.07%	0.58%

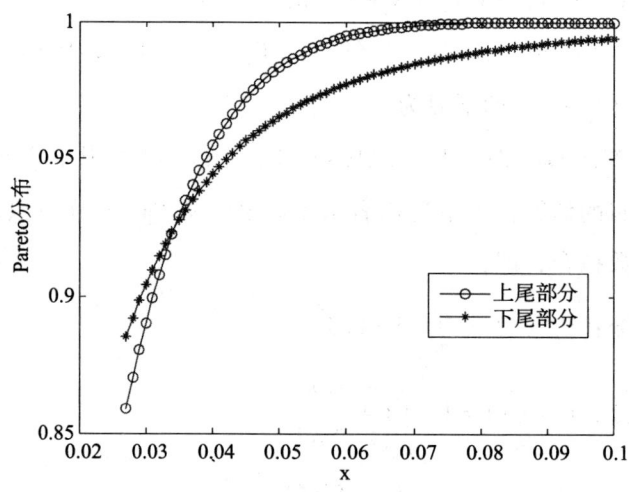

图 7-1　Pareto 分布上尾部分和下尾部分对比图

情景 2：假设上证指数收益率和深证成指收益率的 Kendall 相关系数已知。

边缘分布的连接函数 Copula 的下界为：

$$\bar{T}_t(u, v) = \max\left\{W(u, v), \frac{1}{2}\left[(u+v) - \sqrt{(u+v)^2 + 1 - t}\right]\right\},$$

其中 Kendall 相关系数估计值为 $t = 0.771$。边缘分布 $u = F_1(x)$ 和 $v = F_2(y)$ 仍然用情景 1 中的估计结果。这里需要解决的问题是，给定 $u = 1/N$，$v_{r,1}$ 和 $v_{r,1}^*$ 的值无法用表达式明确表示，只能用数值解法得到近似的值。

不同置信度水平下 VaR 范围的估计结果如表 7-4。可以看到 VaR 下界比情景 1 增强了很多，上界则没有什么变化。从经营者或者投资管理者的角度来说，当然不希望 VaR 被高估，因为较高的 VaR 的意味着更多的风险准备金，意味着较低的杠杆率，意味较少的资金分配额。但是 VaR 的下界能给他们一个警示作用，也就是说，他们未来面临的风险至少不会小于 VaR 的下界。因此，VaR 下界在实际应用中也有重要的作用。

表 7-4　情景 2 不同置信度水平下 VaR 范围的估计结果

置信度水平	0.9	0.95	0.975	0.99
VaR 上界	0.0289	0.0401	0.0498	0.0628
VaR 下界	0.0101	0.0143	0.0166	0.0181
区间长度	0.0188	0.0258	0.0332	0.0447

情景 3：假设上证指数收益率和深证成指收益率的 Spearman 相关系数已知。

边缘分布的连接函数 Copula 的下界为：

$$\bar{P}_t(u, v) = \max\left(W(u, v), \frac{u+v}{2} - p(u-v, 1-t)\right)$$

其中 Spearman 相关系数估计值为 t = 0.92。方法与情景 2 类似，估计结果如表 7-5。

表 7-5　情景 3 不同置信度水平下 VaR 范围的估计结果

置信度水平	0.9	0.95	0.975	0.99
VaR 上界	0.0289	0.0401	0.0498	0.0628
VaR 下界	0.0132	0.0224	0.0322	0.0476
区间长度	0.0157	0.0177	0.0176	0.0152

情景 4：假设上证指数收益率和深证成指收益率的 Blomqvist 相关系数已知。

边缘分布的连接函数 Copula 的下界为：

$$\bar{B}_t(u, v) = \max\left(W(u, v), \frac{t+1}{4} - \left(\frac{1}{2} - u\right)^+ - \left(\frac{1}{2} - v\right)^+\right)$$

其中 Blomqvist 相关系数估计值为 t = 0.77。方法与情景 2 类似，估计结果如表 7 – 6。

表 7 – 6　情景 4 不同置信度水平下 VaR 范围的估计结果

置信度水平	0.9	0.95	0.975	0.99
VaR 上界	0.0289	0.0401	0.0498	0.0628
VaR 下界	0.0146	0.0193	0.0227	0.0253
区间长度	0.0143	0.0208	0.0271	0.0375

情景 5：假设上证指数收益率和深证成指收益率是正象限相依的。边缘分布的连接函数 Copula 的下界为 $\Pi = uv$。给定 $u = l/N$，

$$v_{r,l} = \frac{r}{l}, \quad r \leq l \leq N$$

$$v_{r,l}^* = \frac{r-1}{N-1}, \quad 0 \leq l \leq r$$

不同置信度水平下 VaR 范围的估计结果如表 7 – 7。可以看到，VaR 上界还是没有什么大的变化，与情景 2 相比略为有所变小。VaR 下界比情景 2 有明显地增强，尤其是高置信度水平下（如 0.99），VaR 上下界之间的距离变小了，VaR 范围的估计值进一步变窄。

表 7 – 7　情景 5 不同置信度水平下 VaR 范围的估计结果

置信度水平	0.9	0.95	0.975	0.99
VaR 上界	0.0284	0.0396	0.0497	0.0615
VaR 下界	0.0121	0.0207	0.0297	0.0448
区间长度	0.0163	0.0189	0.0200	0.0167

情景 6：假设上证指数收益率和深证成指收益率是正象限相依的，且已知 Kendall 相关系数。

上证指数和深证成指之间的 Kendall 相关系数为 0.77，并假设它们之间是正象限相依的，不同置信度水平下 VaR 范围的估计结果如表 7 – 8。可

以看出和情景 5 的估计结果基本相同，也就是说如果已知是正象限相依的，0.77 的 Kendall 相关系数并没有使得 VaR 有进一步的收窄。

表 7-8　情景 6 不同置信度水平下 VaR 范围的估计结果

置信度水平	0.9	0.95	0.975	0.99
VaR 上界	0.0289	0.0398	0.0498	0.0615
VaR 下界	0.0121	0.0207	0.0297	0.0448
区间长度	0.0168	0.0191	0.0201	0.0167

情景 7：假设上证指数收益率和深证成指收益率是正象限相依的，且已知 Spearman 相关系数。

上证指数和深证成指之间的 Spearman 相关系数为 0.92，并假设它们之间是正象限相依的，不同置信度水平下 VaR 范围的估计结果如表 7-9。可以看出和情景 3 的估计结果基本相同，也就是说如果已知 Spearman 相关系数为 0.92，正象限相依并没有使得 VaR 有进一步的收窄。

表 7-9　情景 7 不同置信度水平下 VaR 范围的估计结果

置信度水平	0.9	0.95	0.975	0.99
VaR 上界	0.0285	0.0398	0.0498	0.0615
VaR 下界	0.0132	0.0224	0.0322	0.0476
区间长度	0.0153	0.0174	0.0176	0.0139

情景 8：假设上证指数收益率和深证成指收益率是正象限相依的，且已知 Blomqvist 相关系数。

上证指数和深证成指之间的 Spearman 相关系数为 0.77，并假设它们之间是正象限相依的，不同置信度水平下 VaR 范围的估计结果如表 7-10。置信度水平为 0.9 时，VaR 的下界与情景 4 相同，其他置信度水平下则与情景 5 相同，也就是说，正象限相依和 Blomqvist 相关系数两个条件叠加，VaR 的界取两者的最优值。

表7-10　　情景8不同置信度水平下VaR范围的估计结果

置信度水平	0.9	0.95	0.975	0.99
VaR上界	0.0285	0.0398	0.0498	0.0615
VaR下界	0.0146	0.0207	0.0297	0.0448
区间长度	0.0139	0.0191	0.0201	0.0167

情景9：假设上证指数收益率和深证成指收益率是正象限相依的，且已知Kendall、Spearman和Blomqvist相关系数。

综合上面8种情景，可以看出Spearman相关系数对VaR界的收窄作用最强，其次是正象限相依。假设上证指数收益率和深证成指收益率是正象限相依的，且已知Kendall、Spearman和Blomqvist相关系数，我们可以得到最优的VaR界，如表7-11。

表7-11　　情景9不同置信度水平下VaR范围的估计结果

置信度水平	0.9	0.95	0.975	0.99
VaR上界	0.0285	0.0398	0.0498	0.0615
VaR下界	0.0146	0.0224	0.0322	0.0476
区间长度	0.0139	0.0174	0.0176	0.0139

历史回测显示（见表7-12），超过VaR下界的百分比已经非常接近预期的百分比了。也就是说，在0.9的置信度水平下，理论上历史损失率超过VaR的概率为10%，这里超过VaR下界的百分比为14.75%；在0.99的置信度水平下，理论上历史损失率超过VaR的概率为1%，这里超过VaR下界的百分比为1.16%。

表7-12　　情景4历史回测超过下界的百分比

置信度水平	0.9	0.95	0.975	0.99
超过下界的百分比	14.75%	7.85%	3.76%	1.16%

7.6.2　动态VaR界

上一节是在整个样本区间内求VaR值。实际应用中，估算VaR值是为了预测未来所面临的风险情况，所以，我们用前五年的数据估算滚动估算下一日所面临的风险，用样本外数据检验 VaR 界的重要意义。一般来讲，5 年基本上能涵盖一个牛熊周期，所以为了尽量包括各种市场情况下的损失率，这里以 5 年为例做一下实证测算。

情景 3 的部分估计结果如表 7-13。实际应用中可以每日更新，或者根据需要每周更新计算 VaR 的上下界，为经营管理需要提供有价值的依据。

表 7-13　　情景 3 的 VaR 界的动态估计结果

2002~2006 年数据				
置信度水平	0.9	0.95	0.975	0.99
VaR 上界	0.0208	0.0258	0.0311	0.0387
VaR 下界	0.0150	0.0192	0.0241	0.0317
区间长度	0.0057	0.0066	0.0070	0.0071
2003~2007 年数据				
VaR 上界	0.0231	0.0305	0.0391	0.0527
VaR 下界	0.0146	0.0194	0.0251	0.0341
区间长度	0.0084	0.0111	0.0139	0.0186
2004~2008 年数据				
VaR 上界	0.0330	0.0456	0.0561	0.0677
VaR 下界	0.0195	0.0257	0.0338	0.0500
区间长度	0.0135	0.0199	0.0223	0.0177
2005~2009 年数据				
VaR 上界	0.0364	0.0477	0.0573	0.0683
VaR 下界	0.0186	0.0258	0.0362	0.0517
区间长度	0.0178	0.0219	0.0212	0.0166
2006~2010 年数据				
VaR 上界	0.0379	0.0495	0.0591	0.0696
VaR 下界	0.0188	0.0262	0.0374	0.0534
区间长度	0.0191	0.0233	0.0216	0.0162

续表

2007~2011年数据				
VaR 上界	0.0375	0.0488	0.0584	0.0690
VaR 下界	0.0208	0.0280	0.0384	0.0542
区间长度	0.0167	0.0208	0.0200	0.0148

7.7 多元变量的 VaR 界

上一节我们对二元变量的 VaR 界进行了实证测算，结果表明正象限相依这一假设对 VaR 界的收窄作用非常明显。对于多元变量（$n \geqslant 3$）Copula 函数，其下界的研究结果较少，本节重点考察正象限相依这一假设对多元 VaR 界的收窄作用。

数据选取上证指数、深证成指、中小板指数的收盘价序列，时间范围是 2006 年 1 月 24 日至 2011 年 12 月 30 日。数据来源于中投证券超强版行情客户端。

数据的统计描述如表 7-14。收盘价对比图见图 7-2。

表 7-14　上证指数、深证成指和中小板指数日收益率数据的统计描述

	上证指数	深证成指	中小板指数
样本个数	1444	1444	1444
最大值	0.0945	0.0959	0.0971
最小值	-0.0884	-0.0929	-0.0938
均值	0.0006	0.0009	0.0010
标准差	0.0193	0.0215	0.0215
中位数	0.0014	0.0017	0.0030

情景 1：不对三个股票指数之间的相关性做任何假设。

第 7 章 应用 Copula 界估算 VaR 的界

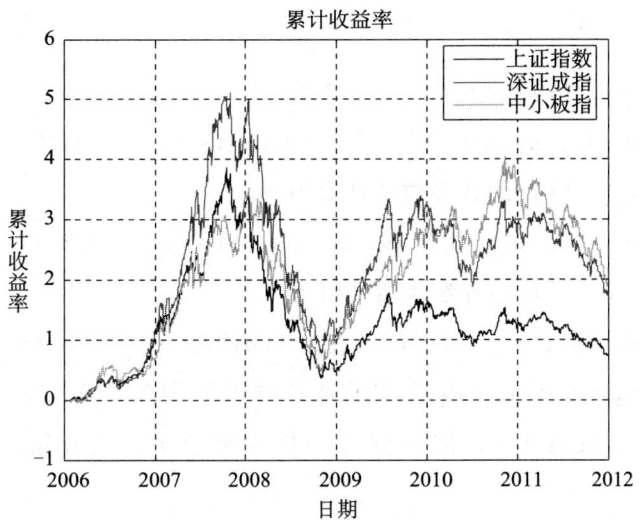

图 7 – 2　三个股票指数日收盘价对比图（2006.1.24 ~ 2011.12.30）

为了便于 VaR 计算，我们将收益率取负，称为"损失率"。损失率边缘分布的连接函数 Copula 的下界为 $W(u_1, u_2, u_3) = u_1 + u_2 + u_3 - 1$。设上证指数损失率的边缘分布为 $u_1 = F_1(x)$，深证成指损失率的边缘分布为 $u_2 = F_2(y)$，中小板损失率的边缘分布为 $u_3 = F_3(y)$。给定置信度 $\alpha = r/N$，$VaR_\alpha(X + Y + Z)$ 的上界为：

$$q_{min}(r/N) = \min_{r \leqslant l_i \leqslant N, i=1,2} \{\psi[F_1^{-1}(l_1/N), F_2^{-1}(l_2/N), F_3^{-1}(v_{r,1})]\}$$

其中，$v_{r,1} = r/N + 2 - l_1/N - l_2/N$；$VaR_\alpha(X + Y + Z)$ 的下界为：

$$q_{max}(r/N) = \max_{0 \leqslant l_i \leqslant r, i=1,2} \{\psi[F_1^{-1}(l_1/N), F_2^{-1}(l_2/N), F_3^{-1}(v^*_{r,1})]\}$$

其中，$v^*_{r,1} = r/N - l_1/N - l_2/N$，因为 $W^d(u_1, u_2, v^*) = \min(1, u_1 + u_2 + v^*)$。

边缘分布的估算，上下尾部各取 5% 用广义 Pareto 分布拟合，中间部分用经验函数拟合，即：

中间部分：$F_h(x) = \int_{-\infty}^{x} f_h(t)dt$；

上尾部分：$F_{up}(x) = 1 - \left(1 + \dfrac{\xi_{up} x}{\sigma_{up}}\right)^{-1/\xi_{up}}$

下尾部分：$F_{low}(x) = 1 - \left(1 + \dfrac{\xi_{low} x}{\sigma_{low}}\right)^{-1/\xi_{low}}$

边缘分布 $F_1(x)$ 的各参数估计值为：

$\xi_{up} = -0.175$，$\sigma_{up} = 0.0161$；$\xi_{low} = 0.1323$；$\sigma_{low} = 0.0115$

边缘分布 $F_2(y)$ 的各参数估计值为：

$\xi_{up} = -0.2166$，$\sigma_{up} = 0.0179$；$\xi_{low} = 0.0141$，$\sigma_{low} = 0.0133$

边缘分布 $F_3(z)$ 的各参数估计值为：

$\xi_{up} = -0.2888$，$\sigma_{up} = 0.0202$；$\xi_{low} = 0.0179$，$\sigma_{low} = 0.0125$

不同置信度水平下 VaR 范围的估计结果如表 7–15。与二元情况类似下界基本上接近于 0，因为假设条件太宽泛了，没有得到有意义的下界。

表 7–15　情景 1 不同置信度水平下 VaR 范围的估计结果（n=3）

置信度	0.9	0.95	0.975	0.99
VaR 上界	0.0432	0.0538	0.0628	0.0728
VaR 下界	-0.0106	-0.0097	-0.0093	-0.0091
区间长度	0.0538	0.0635	0.0721	0.0819

情景 2：假设三个股票指数之间是正象限相依的。

边缘分布的连接函数 Copula 的下界为 $\Pi = u_1 u_2 u_3$。给定 $u_1 = l_1/N$，$u_2 = l_2/N$，

$$v_{r,1} = \dfrac{rN}{l_1 l_2}, \quad r \leq l_1, \ l_2 \leq N$$

$$v_{r,1}^* = \dfrac{1 - r/N}{l_1/N * l_2/N}, \quad 0 \leq l_1, \ l_2 \leq r$$

其中，第二个等式是因为：

$$\Pi^d(u_1, u_2, v^*) = P(U_1 \leq u_1 \cup U_2 \leq u_2 \cup V \leq v^*)$$
$$= 1 - P(U_1 > u_1 \cup U_2 > u_2 \cup V > v^*)$$
$$= 1 - P(U_1 > u_1) P(U_2 > u_2) P(V > v^*)$$
$$= 1 - (1 - u_1)(1 - u_2)(1 - v^*)$$

不同置信度水平下 VaR 范围的估计结果如表 7-16。可以看出，VaR 的下界有了较好的改进，VaR 区间的长度得到了进一步的收窄。

表 7-16　情景 2 不同置信度水平下 VaR 范围的估计结果 （n = 3）

置信度	0.9	0.95	0.975	0.99
VaR 上界	0.0426	0.0535	0.0627	0.0728
VaR 下界	0	0.004	0.008	0.0131
区间长度	0.0426	0.0495	0.0547	0.0597

7.8　本章小结

本章首先介绍了多元随机变量和的边界，以及由此导出的 VaR 边界。然后全面总结了有关 Copula 下界的公式，而 Copula 下界及其对偶函数分别构成计算 VaR 边界的依据。最后根据 VaR 边界的数值算法，针对不同的 Copula 下界，分多种情景详细分析了 VaR 的边界范围。关于上证指数和深证成指收益率序列的实证分析发现，Spearman 相关系数和正象限相依对 VaR 界的收窄作用最强。

多元 VaR 边界的确定可以作为衡量其他 VaR 模型的一个参考依据，如果模型测算得到的 VaR 值超出了 VaR 边界，则说明存在过拟合现象或者高估了 VaR 值。VaR 上界适合于风险厌恶者，VaR 下界则是对风险偏好较高者的一个最低风险要求。总之，多元 VaR 边界在实际应用中具有很好的推广价值。

总结与展望

数学上的一个定理，前提条件越多越容易证明；统计模型分析中，假设条件越多越容易建模，建的模型越漂亮。但是问题也就出在这，前提条件多了，定理的适用性就窄了；统计模型的假设条件多了，就会出现过度拟合的现象，外延性变差。全书研究的一个基本思想就是，尽量减少假设条件，从实际出发，用最简单的统计信息研究具体问题。

目前，Copula 函数在统计建模中的应用模式基本上是：观察数据的散点图，挑选几类有类似结构的 Copula 函数族，然后对样本数据进行拟合，估计参数，检验拟合效果，确定最合适的 Copula 函数作为总体的联合分布函数。常用的 Copula 函数族无非是 Gaussian Copula、t–Copula、Gumbel Copula、Clayton Copula 和 Frank Copula。作者最初的研究思路是，能不能先不假设 Copula 的类型，从样本数据总结出一个 Copula 界来，如果 Copula 界就能解决实际问题，那么就不用做 Copula 函数拟合了。经过进一步的研究发现，确实有一类问题可以用 Copula 界来解决：多元风险的 VaR 估算。沿着这条思路，系统归纳了相关性度量方法以及已知相关性信息情况下的 Copula 界，并将相关性信息和 Copula 界应用于 VaR 界的计算中。具体来说，本书的研究成果有以下几点：

第一，相关性是统计分析中基本内容之一，相关性的度量方法有很多种，不同类型的相关性度量分析问题的角度不同，提供给人们的相关性信息也就不同。经过实证分析发现，线性相关系数、秩相关系数（如 Spearman 相关系数，Kendall 相关系数）以及描述尾部的相关系数这三类相关系数基本能给出一个样本数据集比较全面的相关性信息。对图示法 Chi-plot 和 K-plot 的理论基础进行深入研究，提出 K-plot 的快速算法，避免了组合数过大给计算过程带来的麻烦。

第二，推导出已知 Gini 相关系数情况下的 Copula 界，完善了相关性信息对 Copula 界的影响这方面的理论基础。设 $\bar{G}_r$ 表示 Gini 相关系为 r 的 Copula 函数的上确界，其中 $r \in [-0.25, 1]$，则对于任意的 $(u, v) \in I^2$，

$$\bar{G}_r(u, v) = \min\left(u, v, \max\left(\frac{2u-1+\sqrt{(2u-1)^2+(4r-1)}}{2}, \frac{2v-1+\sqrt{(2v-1)^2+(4r-1)}}{2}\right)\right)$$

第三，由简单对角函数构造的 Copula 函数集的上确界是已知的，本书提出了判定一个 Copula 对角函数为简单对角函数的新方法："如果对角函数 δ(t) 满足条件：$\frac{\delta(t)}{t}$ 是非减的，则 δ(t) 是简单对角函数，反之不成立"。

并通过具体例子说明该方法可操作性好于已有的判定方法。

第四，将 Copula 界的研究成果引入 VaR 界的计算中，通过实证分析，对比不同的 Copula 界对 VaR 界的影响。结果表明，已知 Spearman 相关系数情况下的 Copula 界和正象限相依情况下的 Copula 界对 VaR 界的收敛作用最好。并通过历史回测验证 VaR 界在实践中推广的可行性。

在未来的工作中，还有以下问题值得进一步深入研究：

第一，多元情况下（n>2）的 Copula 界比较复杂，目前仅有 Mardani-Fard（2010）研究已知 Copula 分位数时的 Copula 界。相关性信息对多元 Copula 界的影响如何是值得研究的一个方向。

第二，对角部分满足什么样的特征时，Copula 函数集的上确界是 Copula 函数，也是目前一个没有解决的公开问题。

第三，关于 VaR 界的应用研究还不是很多，如何将 VaR 界应用于情景分析和风险集成是未来的一个研究方向。

参考文献

[1] Abberger K. A simple graphical method to explore tail – dependence in stock – return pairs [J]. Applied Financial Economics, 2005, 15 (1): 43 – 51.

[2] Abdous, B., Fougeres, A. – L., Ghoudi, K., "Extreme behavior for bivariate elliptical distributions". The Canadian Journal of Statistics, 33, 2005: 317 – 334.

[3] Acerbi Carlo and Tasche Dirk. "Expected Shortfall: a natural coherent alternative to Value at Risk", Working Paper, 2001, Available at: http://www.bis.org/bcbs/ca/acertasc.pdf

[4] Alexander, C., and Pezier, J. "Onthe aggregat ion of market and credit risks". ISMA Centre Discussion Paper s in Finance, No. 2003 – 13, University of Reading, 2003.

[5] Ali MM, Mikhail NN, Haq MS, "A class of bivariate distributions includingthe bivariate logistic". J Multivariate Anal 8, 1978: 405 – 412.

[6] Ane, T., Kharoubi, C., "Dependence struction and risk measure". Journal of Business, 76, 2003, 411 – 438.

[7] Bhattacharjee D, Das K K. Using the Chi-ot for Studying the Randomness of Residuals from a Fitted Model [J]. Department of Statistics, GC, College, Silchar, Assam, India, 2005.

[8] Blomqvist, Nils. "On a measure of dependence between two random variables". Ann. Math. Statist. 21, 1950, 593 – 600.

[9] Cherubini Umberto, Luciano Elisa, and Vecchiato Walter. Copula methods in finance, John Wiley & Sons Ltd, West Sussex, 2004.

[10] Cossette H., Denuit M., and Marceau E., "Distributional bounds for functions of dependent risks". Universite Catholique de Louvain Discusion Paper 0128, 2001 at http://www.stat.ucl.ac.be.

[11] Deheuvels P, "La fonction de dépendence empirique et ses proprieties. Un testnon paramétrique d'indépendence". Acad Roy Belg Bul Cl Sci. Vol. 65, No. 5, 1979, 274 – 292.

[12] Deheuvels P, "A Kolmogorov – Smirnov type test for independence and multivariate samples". Rev Roumaine Math Pures Appl, 26, 1981a, 213 – 226.

[13] Deheuvels P, "A non parametric test for independence". Publ Inst Statist Univ Paris 26, 1981b, 29 – 50.

[14] Denuit M., Genest C., and Marceau E. "Stochastic bounds on sums of dependent risks". Insurance: Mathematics& Economics 25, 1999, 85 – 104.

[15] Durante F., Mesiar R. and Sempi C., "Copulas with given diagonal section: Some new results". In: Proceedings of EUSFLAT-LFA Conference. Barcelona, 2005: 931 – 936.

[16] Durante F., Mesiar R. and Sempi C. "On a family of Copulas constructed from the diagonal section". Soft Computing, 2006, 10 (6): 490 – 494.

[17] Durante Fabrizio, "A new family of symmetric bivariate Copulas", C. R. Acad. Sci. Paris, Ser. I 344, 2007, 195 – 198.

[18] Embrechts, P., McNeil, A. and Straumann, D. "Correlation: pitfalls and alternatives". Risk, 1999: 69 – 71.

[19] Embrechts, P., Lindskog, F. and McNeil, A. "Modelling dependence with Copulas and applications to risk management", 2001, Available

at: http://www.math.ethz.ch/~mcneil/ftp/DependenceWithCopulas.pdf.

[20] Embrechts P., McNeil A. J., and Straumann D. "Correlation and dependence in risk management: Properties and pitfalls". Risk management: Value at risk and beyond, M. Dempster (Ed.), Cambridge University Press, Cambridge, U. K., 2002: 176 – 223.

[21] Embrechts P., Hoing A., and Juri A., "Using Copulae to bound the Value-at-Risk for functions of dependent risks". Finance and Stochastics, 7, 2003, 145 – 167.

[22] Embrechts P., Höing A., and Giovanni P., "Worst VaR scenarios". Insurance: Mathematics and Economics 37, 2005, 115 – 134.

[23] FermanianJ. D. "Goodness – of – fit tests for Copulas", Journal of multivariate analysis, 95, 2005, 119 – 152.

[24] Fisher, N. I., and Switzer, P., "Chi-plots for assessing dependence". Biometrika, 1985, 72 (2): 253 – 265.

[25] Fisher, N. I., and Switzer, P., "Graphical assessment of dependence: Is a picture worth 100 tests?", Am. Stat., 2001, 55 (3): 233 – 239.

[26] Frank M. J., Nelsen R. B., and Schweizer B., "best-possible bounds for the distribution for a sum-a problemofKolmogorov". Probab. Th. Rel. Fields. 74, 1987, 199 – 211.

[27] Fredricks G. A, and Nelsen R. B., "Copulas constructed from diagonal sections". In: Distributions with Given Marginals and Moment Problems. Kluwer, Dordrecht, 1997: 129 – 136.

[28] Fredricks G. A, and Nelsen R. B., "The Bertino family of Copulas". In: Distributions with Given Marginals and Moment Problems. Kluwer, Dordrecht, 2002: 81 – 92.

[29] Frees E. W. and Valdez E., "Understanding relationships using Copulas". North American Actuarial Journal, 2, 1998, 1 – 25.

[30] Gargouri-Ellouze E, Zoubeida Bargaoui. Investigation with Kendall plots of infiltration index-maximum rainfall intensity relationship for regionalization [J]. Physics & Chemistry of the Earth, 2009, 34 (10 - 12): 642 - 653.

[31] Genest C., Rivest L. P., "Statistical inference procedures for bivariate Archimedean Copulas", Journal of the American Statistical Association, Vol88, 1993, 1034 - 1043.

[32] Genest C., Quesada-Molina J. J., Rodriguez-Lallena J. A., and Sempi C., "A characterization of quasi-Copulas". Journal of Multivariate Analysis, 69, 1999, 193 - 205.

[33] Genest, C., and Boies, J. C., "Detecting dependence with Kendall plots". Am. Stat., 2003, 57 (4): 275 - 284.

[34] Genest Christian and Favre Anne-Catherine, "Everything You Always Wanted to Know about Copula Modeling but Were Afraid to Ask", Journal Of Hydrologic Engineering, 7 - 8, 2007, 347 - 368

[35] GenestChristian, R'emillardBruno, BeaudoincDavid, "Goodness-of-fit tests for Copulas: A review and a power study", Insurance: Mathematics and Economics44, 2009: 199 - 213.

[36] Griffin W L, Fisher N I, Friedman J, et al. Cr - Pyrope Garnets in the Lithospheric Mantle. I. Compositional Systematics and Relations to Tectonic Setting [J]. Journal of Petrology, 1999, 40 (5): 679 - 704.

[37] Griffin W L, Fisher N I, Friedman J H, et al. Cr - pyrope garnets in the lithospheric mantle. II. Compositional populations and their distribution in time and space [J]. Geochemistry Geophysics Geosystems, 2013, 3 (12): 1 - 35.

[38] Hoffding, W., "A nonparametric test of independence". Ann. Math. Statist. 19, 1948, 546 - 557.

[39] Joe, H. Multivariate Models and Dependence Concepts. London: Chapman & Hall. 1997.

[40] Jorion Philippe, Value at Risk (Third edition). 风险价值 VAR [M]. 郑伏虎, 万峰, 杨瑞译, 北京: 中信出版社, 2010.

[41] Kaplan Schweser, "Financail markets and products valuation and risk models", Kaplan Schweser study notes forthe FRM exam (2009), 279 – 280.

[42] Kass Rob, Dhaene Jan, and Goovaerts Marc J., "Upper and Lower Bounds for Sums of Random Variables", The 4th Conference on Insurance: Mathematics & Economics, Barcelona, 2000.

[43] Kaas Rob, Laeven Roger J. A., Nelsen Roger B. "Worst VaR Scenarios with Given Marginals and Measures of Association". Insurance: Mathematics and Economics 44 (2009) 146 – 158.

[44] Klugman, S. A., Parsa, R., "Fitting bivariate loss distributions with Copulas". Insurance: Mathematics and Economics, 24, 1999, 139 – 148.

[45] Kruskal, W. H., "Ordinal measures of association". J. Amer. Statist. Assoc. 53, 1958, 814 – 861.

[46] Knox, S., Ouwehand, P. "Pricing rainbow options: Nonparametric methods using Copulas". Investment Analysts Journal. No. 64, 2006. Available at SSRN: http://ssrn.com/abstract = 187289 or doi: 10.2139/ssrn.187289.

[47] Luo W, Brooks R D, Silvapulle P. Effects of the open policy on the dependence between the Chinese 'A' stock market and other equity markets: An industry sector perspective [J]. Journal of International Financial Markets, Institutions and Money, 2011, 21 (1): 49 – 74.

[48] Makarov, G. D., "Estimates for the distribution function of a sum of two random variables when the marginal distributions are fixed". THEORY PROB. & APPLIC. Vol. 26, no. 4, 1982, 803 – 806.

[49] Mallaby Sebastian, More Money than God. 富可敌国 [M]. 徐煦译, 北京: 中国人民大学出版社, 2011.

[50] Marchi V A A, Rojas F A R, Louzada F. The Chi-plot and Its Asymptotic Confidence Interval for Analyzing Bivariate Dependence: An Application to the Average Intelligence and Atheism Rates across Nations Data [J]. Journal of Data Science, 2012, 10 (4): 711 -722.

[51] Mardani-Fard H. A., Sadooghi-Alvandi S. M. and Shishebor Z., "Bounds on Bivariate Distribution Functions with Given Margins and Known Values at Several Points", Communications in Statistics-Theory and Methods, Vol. 39, No. 20, 2010, 3596 -3621.

[52] Marshall AW, Olkin I "A generalized bivariate exponential distribution". JAppl Probability 4, 1967a, 291 -302.

[53] Marshall AW, Olkin I, "A multivariate exponential distribution". J AmerStatist Assoc 62, 1967b, 30 -44.

[54] Mikusinski P, Sherwood H, Taylor MD, "Probabilistic interpretations ofCopulas and their convex sums". In: Dall'Aglio G, Kotz S, Salinetti G (eds) Advances in Probability Distributions with Given Marginals. Kluwer, Dordrecht, 1991: 95 -112.

[55] Mikusinski P, Sherwood H, Taylor MD, "Shuffles of Min". Stochastica13, 1992, 61 -74.

[56] Nelsen, R. B. An Introduction to Copulas, Springer-Verlag: New York, 1999.

[57] Nelsen, R. B. An Introduction to Copulas, Second, Springer-Verlag: New York, 2006.

[58] Nelsen, R. B., Quesada Molina, J. J., Rodriguez Lallena, J. A., Ubeda Flores, M. "Bounds on Bivariate Distribution Functions with Given Margins and Measures of Association". Commu. Statist. -Theory Methods 30, 2001,

1155 – 1162.

[59] Nelsen, R. B. , "Concordance and Copulas: A survey". In C. M. Cuadras, J. Fortiana, J. A. Rodriguez-Lallena (Eds.), Distributions with given marginals and statistical modelingDordrecht: Kluwer. 2002: 169 – 177. Available at: http://legacy.lclark.edu/~mathsci/survey.pdf.

[60] Nelsen R. B. , "Properties and applications of Copulas: a brief survey". Proceedings of the first Brazilian Conference on Statistical Modeling in Insurance and Finance, [Dhaene, J. , Kolev, N. , Morettin, P. A. (Eds.)], University Press USP: Sao Paulo, 2003: 10 – 28.

[61] Nelsen, R. B. , Ubeda Flores, M. "A Comparison of Bounds on Sets of Joint Distribution Functions Derived from Various Measures of Association". Commu. Statist. -Theory Methods Vol. 33, No. 10, 2004, 1155 – 1162.

[62] Nelsen R. B. , Quesada-Molina José Juan, Rodriguez-Lallena, José Antonio, and Ubeda-Flores Manuel, "On the construction of Copulas and quasi-Copulas with given diagonal sections". Insurance: Mathematics and Economics, 2008, 42, 473 – 483.

[63] Pickands J. "Statistical inference using extreme order statistics". Annals of statistics, 3, 1975, 119 – 131.

[64] Plackett RL , "A class of bivariate distributions". J Amer Statist Assoc60, 1965, 516 – 522.

[65] Rodriguez-Lallena J. A. and Ubeda-Flores M. , "best-possible bounds on sets of multivariate distribution functions". Communications in Statistics-Theory and Methods 33: 4, 2004, 805 – 820.

[66] Schweizer, B. , and Wolff E. , "On nonparametric measures of dependence for random variables". Annals of Statistics, 9, 1981, 879 – 885.

[67] Schweizer B, "Thirty years of Copulas". In: Dall'Aglio G, Kotz S, Salinetti G (eds) Advances in Probability Distributions with Given Marginals.

Kluwer, Dordrecht, 1991: 13 – 50.

[68] Schweizer B, Sklar A, Probabilistic Metric Spaces. North – Holland, NewYork, 1983.

[69] Sklar, A. , "Fonctions de r'epartition 'a n dimensions et leurs marges". Publ. Inst. Statist. Univ. Paris, 8, 1959, 229 – 231.

[70] Silvapulle Param and Zhang Xibin. "Assessing Dependence Changes in the Asian Financial Market Returns Using Plots Based on Nonparametric Measures". Working paper, 2006. Availble at: http://www.buseco.monash.edu.au/depts/ebs/pubs/wpapers/.

[71] Silvapulle P, Zhang X. Assessing dependence changes using nonparametric methods [J]. Applied Financial Economics Letters, 2007, 3 (6): 397 – 401.

[72] Tankov Peter. "Improved Fréchet bounds and model – free pricing of multi-asset options". Journal of Applied Probability. Vol. 48, No. 2, 2011, 389 – 403

[73] Tukey, J. W. , "A problem of Berkson and minimum variance orderly estimators". Ann. Math. Statist. 29, 1958, 588 – 592.

[74] Ubeda-Flores, M. , Copulas y cuasiCopulas: interrelaciones y nuevas propiedades. Aplicaciones (Ph. D. Dissertation). 2001. Servicio de Publicaciones de la Universidad de Almeria, Spain.

[75] Vexler A, Afendras G, Markatou M. Multi-Panel Kendall plot in light of an ROC curve analysis applied to measuring dependence [J]. Statistics, 2018: 1 – 23.

[76] Williamson R. C. and Downs T. , "Probabilistic arithmetic: numerical methods for calculating convolutions and dependency bounds". Approximate Reasoning 4, 1990, 89 – 158.

[77] 陈立军. 浅论牛奶价格波动的原因及今后发展趋势和对策 [J].

今日畜牧兽医，2014（8）：8－10.

[78] 傅强，邢琳琳："基于极值理论和 Copula 函数的条件 VaR 计算"，系统工程学报，Vol. 24，No. 5，2009，531－537.

[79] 高敏雪，李静萍，许健. 国民经济核算原理与中国实践［M］. 北京：中国人民大学出版社，2006.

[80] 何旭彪. VaR 风险耦合理论模型、数值模拟技术及应用研究［J］. 华中科技大学博士学位论文，2005

[81] 贾俊平，何晓群，金勇进编著. 统计学（第三版）［M］. 北京：中国人民大学出版社，2007

[82] 简志宏，郑晓旭. 汇率改革进程中人民币的东亚影响力研究——基于空间、时间双重维度动态关系的考量［J］. 世界经济研究，2016（3）：61－69.

[83] 孔繁利. 金融市场风险的度量——基于极值理论和 Copula 的应用研究［D］. 吉林大学，2006.

[84] 李建平，丰吉闯，宋浩，蔡晨. 风险相关性下的信用风险、市场风险和操作风险集成度量［J］. 中国管理科学，Vol. 18，No. 1，2010，18－24.

[85] 李庆扬，王能超，易大义. 数值分析［M］. 北京：清华大学出版社，2008.

[86] 李胜利，刘玉满，毕研亮等. 2013 年中国奶业回顾与展望［J］. 中国奶牛，2014，48（5）：1－6.

[87] 李竹渝，鲁万波，龚金国. 经济、金融计量学中的非参数估计技术［M］. 北京：科学出版社，2007.

[88] 刘芳，陆娟，路永强，何忠伟. 北京奶业经济发展研究［M］. 北京：中国农业出版社，2013：112－130.

[89] 刘晓星，邱桂华."基于 Copula-EVT 模型的我国股票市场流动性调整的 VaR 和 ES 研究"，数量统计与管理，Vol. 29，No. 1，2010，

150-161

[90] 龙敏,周铁军. Lambert W 函数性质及其应用 [J]. 衡阳师范学院学报,2011,32(6):38-40.

[91] 欧阳敏华. 二元随机变量相依关系的图示判别 [J]. 统计与决策,2012(3):27-29.

[92] 钱贵霞,陈思. 鲜奶零售价格波动规律与趋势预测 [J]. 农业经济与管理,2011(5):46-55.

[93] 尚英锋,王爱莉. 相关风险和的分布边界 [J]. 天津理工大学学报,Vol.21,No.3,2005a,46-48.

[94] 尚英锋,郝凯. 基于 Copula 的外汇组合投资风险分析 [J]. 北方工业大学学报,Vol.17,No.3,2005b,55-59.

[95] 盛骤,谢式千,潘承毅. 概率论与数理统计(第三版)[M]. 北京:高等教育出版社,2005.

[96] 史道济,王爱莉. 相关风险函数 VaR 的界 [J]. 系统工程,Vol.22,No.9,2004,42-45.

[97] 史道济. 实用极值统计方法 [M]. 天津:天津科学技术出版社,2006.

[98] 唐家银,何平,施继忠,宋冬利. 零件失效寿命相关的储备系统 Copula 可靠性模型 [J]. 机械设计与制造,2010(4):96-98.

[99] 田菁. 金融市场的流动性过剩与流动性风险分析 [J]. 天津大学学报(社会科学版),2008,10(5):413-416.

[100] 王爱莉. 相关风险函数 VaR 的上下界的估计 [D]. 天津大学,2004.

[101] 王惠惠. 给定 Gini 相关系数情况下 Copula 函数上界的改进 [J]. 统计与信息论坛,Vol.27,No.2,2012,29-31.

[102] 王静龙,梁小筠. 非参数统计分析 [M]. 北京:高等教育出版社,2005.

[103] 王璐,王沁,陈勇明. 金融市场相关性的 Chi-plot 测度 [J]. 数学的实践与认识,Vol. 38,No. 4,2008,27-31.

[104] 王璐. 中国股市和债市传导效应的 Chi-plot 研究 [J]. 数理统计与管理,2008,27(3):520-524.

[105] 韦艳华,张世英. Copula 理论及其在金融分析上的应用 [M]. 北京:清华大学出版社,2008.

[106] 吴庆晓,刘海龙,龚世民. 基于极值 Copula 的投资组合集成风险度量方法 [J]. 统计研究,Vol. 28,No. 7,2011,84-91.

[107] 吴喜之,王兆军. 非参数统计方法 [M]. 北京:高等教育出版社,1996.

[108] 吴喜之. 统计学:从数据到结论 [M]. 北京:中国统计出版社,2004.

[109] 谢家泉. 股灾背景下中美股市风险溢出的结构转换研究 [J]. 运筹与管理,2017(2):127-134.

[110] 谢家泉. 沪港台三地股市波动的风险传导效应研究 [J]. 统计与信息论坛,2010(3):92-95.

[111] 谢家泉,许均平. 我国创业板市场和主板市场之间风险溢出效应的实证分析 [J]. 南方金融,2013(8):69-73.

[112] 谢中华. Matlab 统计分析与应用:40 个案例分析 [M]. 北京:北京航空航天大学出版社,2010.

[113] 杨修猛,程希骏. 石油价格与欧元汇率的相依性研究 [J]. 中国科学技术大学学报,2014,44(6):496-501.

[114] 叶五一,缪柏其. 基于 Copula 变点检测的美国次级债金融危机传染分析 [J]. 中国管理科学,2009,17(3).

[115] 余为丽. 基于极值理论的 VaR 及其在中国股票市场风险管理中的应用 [D]. 华中科技大学,2006.

[116] 张利库,孔祥智,王俊勋. 2010 中国奶业发展报告 [M]. 北

京：中国经济出版社，2011：17 – 20.

[117] 张尧庭. 广义相关系数及其应用 [J]. 应用数学学报，Vol. 1, No. 4，1978，312 – 320.

[118] 张树德. MATLAB 金融计算与金融数据处理 [M]. 北京：北京航空航天大学出版社，2008.

[119] 张志涌. 精通 MATLAB 6.5 版教程 [M]. 北京：北京航空航天大学出版社，2003.

[120] 赵丽琴. 基于 Copula 函数的金融风险度量研究 [D]. 厦门大学，2009.

附 录

附录1 第2章各种相关系数的计算

```
% GDP 和耗电量之间的关系
clear; clc;
[Data, text] = xlsread ('GDP 和耗电量.xls');
[Row, Col] = size (Data);
% 散点图
% plot (Data (:, 1), Data (:, 2), '*');
% 相关系数
% 线性相关系数
r = corr (Data (:, 1), Data (:, 2));
% Kendall 相关系数
tao = corr (Data (:, 1), Data (:, 2), 'type', 'Kendall');
% Spearman 相关系数
rho = corr (Data (:, 1), Data (:, 2), 'type', 'Spearman');
% Blomqvist 相关系数
x_med = median (Data (:, 1));
y_med = median (Data (:, 2));
N_pos = 0;
N_neg = 0;
for i = 1: Row
if (Data (i, 1) - x_med) * (Data (i, 2) - y_med) > = 0
            N_pos = N_pos + 1;
else
```

```
                N_neg = N_neg + 1;
    end
end
beta = (N_pos - N_neg)/(N_pos + N_neg);
% 秩
x = sort(Data(:, 1));
y = sort(Data(:, 2));
for i = 1: Row
xR(i, 1) = mean(find(Data(i, 1) == x));
yR(i, 1) = mean(find(Data(i, 2) == y));
end
% Gini 相关系数
gini = 0;
for i = 1: Row
        gini = gini + abs(xR(i) + yR(i) - Row - 1) - abs(xR(i) - yR(i));
end
gini = gini/floor(Row^2/2);
% 3/4 分位数相关系数
Zalpha1 = x(floor(Row*3/4));
Zalpha2 = y(floor(Row*3/4));
Npos = 0;
Nneg = 0;
for i = 1: Row
if Data(i, 1) > Zalpha1
if Data(i, 2) > Zalpha2
            Npos = Npos + 1;
    else
            Nneg = Nneg + 1;
```

end

end

end

% 显示超过分位数的样本个数

disp(['超过75%分位数的样本个数：', num2str(Npos + Nneg)]);

quantil75 = Npos/(Npos + Nneg);

附录2 第2章相关性的定性描述

```matlab
% 收益率序列之间的相关性
clear; clc;
[Data0, text] = xlsread ('上证-深成.xls');
[Row, Col] = size (Data0);
% 转化成收益率
Data = price2ret (Data0);
[Row, Col] = size (Data);
% % 散点图
plot (Data (:, 1), Data (:, 2), '*');
xlabel ('上证指数日收益率');
ylabel ('深证成指日收益率');
N = 100;
% 象限相依
rangx = max (Data (:, 1)) - min (Data (:, 1));
rangy = max (Data (:, 2)) - min (Data (:, 2));
X = min (Data (:, 1)): rangx/N: max (Data (:, 1));
Y = min (Data (:, 2)): rangy/N: max (Data (:, 2));
for i = 1: N + 1
indx = find (Data (:, 1) < = X (i));
for j = 1: N + 1
indy = find (Data (indx, 2) < = Y (j));
H (i, j) = length (indy)/(Row - 1);
indg = find (Data (:, 2) < = Y (j));
F (i, j) = length (indx)/(Row - 1);
```

```
            G(i,j) = length(indg)/(Row-1);
        end
    end
    POD = H - F.*G;
    PODpvalue = length(find(POD<0))/(N+1)^2;
    % 尾部单调性
    for i = 1: N+1
        y = Y(i);
        for j = 1: N+1
            x = X(j);
            % 左尾递减?
            indx = find(Data(:,1)<=x);
            indy = find(Data(indx,2)<=y);
                    Py_x1(j,i) = length(indy)/length(indx);
            % 右尾递增?
            indx = find(Data(:,1)>x);
            if ~isempty(indx)
                indy = find(Data(indx,2)>y);
                    Py_x2(j,i) = length(indy)/length(indx);
            else
                    Py_x2(j,i) = 0;
            end
        end
    end
    % 随机单调性
    for i = 1: N+1
        y = Y(i);
        for j = 1: N
            x1 = X(j);
```

```
                x2 = X (j + 1);
indx = find (Data (:, 1) > x1 & Data (:, 1) < x2);
            if ~ isempty (indx)
indy = find (Data (indx, 2) > y);
SI (j, i) = length (indy)/length (indx);
                else
                    if j = = 1
SI (j, i) = 0;
                    else
SI (j, i) = SI (j - 1, i);
                    end
                end
            end
end
SIy_ x = SI;
% 任选一个 yi，观察是否：左尾递减，右尾递增，随机递增？
i = 60;
Y (i)
% 左尾递减？
figure (1)
plot (X, Py_ x1 (:, i), '* -')
xlabel ('xi');
ylabel ('LTD (xi) ');
% 右尾递增？
figure (2)
plot (X (1: 100), Py_ x2 (1: 100, i), '^-')
xlabel ('xi');
ylabel ('RTI (xi) ');
% 随机递增？
```

```
figure (3)
plot (X (1: 100), SIy_ x (1: 100, i), 'o -')
xlabel ('xi');
ylabel ('SI (xi) ');
```

附录3 第2章 Chi-plot 和 K-plot

```matlab
% Chi-plot example
% 当置信度为 0.90、0.95、0.99 时，cp 为 1.64, 1.96, 2.58
clear; clc;
% 生产二维随机数：正态分布，
rho = 0;                % 相关系数
mu = [0, 0];            % 均值
sigma = [1, rho;        % 协方差
         rho, 1 ];
n = 1000;               % 样本个数
Data = mvnrnd (mu, sigma, n);
% 散点图
subplot (1, 2, 1);
plot (Data (:, 1), Data (:, 2), '*');
xlabel ('X');
ylabel ('Y');
% 置信度取 0.95
cp = 1.96;
% 临界值 ChiCp = ± cp * sqrt (n)
ChiCp = ones (101, 1) * cp/sqrt (n);
XChiCp = [ -1: 2/100: 1];
%
X = Data (:, 1);
Y = Data (:, 2);
H = zeros (n, 1);
```

```
F = zeros (n, 1);
G = zeros (n, 1);
lambda = zeros (n, 1);
chi = zeros (n, 1);
for i = 1: n
for j = 1: n
if j ~ = i && X (j) < = X (i) && Y (j) < = Y (i)
            H (i) = H (i) +1;
end
if j ~ = i && X (j) < = X (i)
            F (i) = F (i) +1;
end
if j ~ = i && Y (j) < = Y (i)
            G (i) = G (i) +1;
end
end
    H (i) = H (i) /(n - 1);
    F (i) = F (i) /(n - 1);
    G (i) = G (i) /(n - 1);
    lambda (i) = 4 * sign ( (F (i) - 0.5) * ( (G (i) - 0.5))) * max ( (F (i) - 0.5) ^2, ( (G (i) - 0.5)) ^2);
    chi (i) = (H (i) - F (i) * G (i)) /sqrt (F (i) * (1 - F (i)) * G (i) * (1 - G (i)));
end
% 剔除 lamda 绝对值接近于 1 的值
lambdaUp = 4 * (1 /(n - 1) - 1 /2) ^2;
index = find (abs (lambda) > lambdaUp);
lambda (index) =[ ];
chi (index) =[ ];
```

```
% 计算 chi 落入上下限内的百分比
significance = length (chi (abs (chi) < ChiCp (1)))/n;
% Chi-plot
subplot (1, 2, 2);
plot (lambda, chi, '.')
xlabel ('lamda');
ylabel ('Chi');
holdon;
plot (XChiCp, ChiCp, 'k: ')
holdon;
plot (XChiCp, -ChiCp, 'k: ')
axis ( [-1, 1, -1 1])

% Kendall-plot example
% 收益率序列之间的相关性图示法: K-plot
clear; clc;
% 生产二维随机数: 正态分布,
rho = -0.8;            % 相关系数
mu = [0, 0];           % 均值
sigma = [1, rho;       % 协方差
rho, 1   ];
n = 1000;              % 样本个数
Data = mvnrnd (mu, sigma, n);
% 散点图
subplot (1, 2, 1);
plot (Data (:, 1), Data (:, 2), '*');
xlabel ('X');
ylabel ('Y');
%
X = Data (:, 1);
```

```matlab
Y = Data (:, 2);
H = zeros (n, 1);
Wi = zeros (n, 1);

for i = 1: n
    for j = 1: n
        if j ~ = i && X (j) < = X (i) && Y (j) < = Y (i)
            H (i) = H (i) +1;
        end
    end
            H (i) = H (i) /(n - 1);
    %       fun =
    @ (w) - n * nchoosek (n - 1, i - 1) * w. * (w - w. * log (w)) .^(i - 1) . * (1 - w + w. * log (w)) .^(n - i) . * log (w);
    %           Wi (i) = integral (fun, 0, 1);

end
% 对 H (i) 进行排序
Hn = sort (H);
Hrank = ( [1: n] '- 0.5) ./n;
syms w;
% Wi (i) = eval (solve (w - w * log (w) = = H (i), w));
Wi = - Hrank. /(lambertw ( -1, - Hrank. * exp ( -1)));
% K-plot
subplot (1, 2, 2);
plot (Wi, Hn, 'b.')
xlabel ('Wi: n');
ylabel ('H (i) ');
holdon;
plot ( [0: 0.01: 1], [0: 0.01: 1], 'k - -');
```

附录4 第3章模拟生成 Copula 随机样本

```matlab
% ------------------------------
% 生成二维随机数:边缘分布为标准正态分布
% ------------------------------
n = 1000;
rho = .7;
% 高斯 Copula
U = copularnd ('Gaussian', [1 rho; rho 1], n);
Data = [norminv (U (:, 1), 0, 1) norminv (U (:, 2), 0, 1)];
% t - Copula
nu = 1;    % 自由度参数
% 生成连接函数为 t - Copula 的 [0, 1] 上的均匀分布随机变量
U = copularnd ('t', [1 rho; rho 1], nu, n);
% 将 [0, 1] 上的均匀分布转换成正态分布
Data = [norminv (U (:, 1), 0, 1) norminv (U (:, 2), 0, 1)];
% ------------------------------
% Clayton Copula
% ------------------------------
% 高斯分布参数 rho 对应的 Kendall tao 相关系数
tau = copulastat ('Gaussian', rho, 'type', 'kendall');
% Clayton Copula 参数 alpha
alpha = copulaparam ('Clayton', tau, 'type', 'kendall');
% 生成连接函数为 Clayton Copula 的 [0, 1] 上的均匀分布随机变量
U = copularnd ('Clayton', alpha, n);
% 将 [0, 1] 上的均匀分布转换成正态分布
```

```
Data = [norminv (U (:, 1), 0, 1) norminv (U (:, 2), 0, 1)];
% - - - - - - - - - - - - - - - - - - - - - - - - - - - -
% Gumbel Copula
% - - - - - - - - - - - - - - - - - - - - - - - - - - - -
% 高斯分布参数 rho 对应的 Kendall tao 相关系数
tau = copulastat ('Gaussian', rho, 'type', 'kendall');
% Gumbel Copula 参数 alpha
alpha = copulaparam ('Gumbel', tau, 'type', 'kendall');
% 生成连接函数为 Gumbel Copula 的 [0, 1] 上的均匀分布随机变量
U = copularnd ('Gumbel', alpha, n);
% 将 [0, 1] 上的均匀分布转换成正态分布
Data = [norminv (U (:, 1), 0, 1) norminv (U (:, 2), 0, 1)];
% - - - - - - - - - - - - - - - - - - - - - - - - - - - -
% Frank Copula
% - - - - - - - - - - - - - - - - - - - - - - - - - - - -
% 高斯分布参数 rho 对应的 Kendall tao 相关系数
tau = copulastat ('Gaussian', rho, 'type', 'kendall');
% Frank Copula 参数 alpha
alpha = copulaparam ('Frank', tau, 'type', 'kendall');
% 生成连接函数为 Frank Copula 的 [0, 1] 上的均匀分布随机变量
U = copularnd ('Frank', alpha, n);
% 将 [0, 1] 上的均匀分布转换成正态分布
Data = [norminv (U (:, 1), 0, 1) norminv (U (:, 2), 0, 1)];

% - - - - - - - - - - - - - - - - - - - - - - - - - - - -
% 一般 Copula 函数的随机模拟
% - - - - - - - - - - - - - - - - - - - - - - - - - - - -
% (x, y)   [-1, 1] * [0, +∞]
% 联合分布函数：H (x, y) = (x + 1) (exp (y) - 1)/(x + 2 exp (y) - 1)
```

% Copula: C(u, v) = uv/(u + v - uv)

% Copula 函数关于 u 的偏导数: Cu = (v/(u + v - uv))^2

% Copula 函数关于 u 的偏导数的伪逆: Cu^(-1) = u*sqrt(t)/(1 - (1 - u)*sqrt(t))

clear; clc;

% 样本数量

n = 1000;

% 生成 [0, 1] 上的均匀分布

u = unifrnd(0, 1, n, 1);

t = unifrnd(0, 1, n, 1);

v = u.*sqrt(t)./(1 - (1 - u).*sqrt(t));

% 生成边缘分布

x = 2*u - 1;

y = -log(1 - v);

Data = [x, y];

% 散点图

subplot(1, 2, 1);

% scatterhist(Data(:, 1), Data(:, 2))

plot(Data(:, 1), Data(:, 2), '*');

xlabel('X');

ylabel('Y');

% -

% 阿基米德 Copula 的随机模拟 - Clayton Copula

% -

% Clayton Copula: [u^(-alpha) + v^(-alpha) - 1]^(1/alpha)

% 生成函数: phi(t) = (1/alpha)(t^(-alpha) - 1)

% phi^(-1)(t) = (1 + alpha*y)^(-1/alpha)

```matlab
% phi'(t) = -t^(-alpha-1)
% phi'^(-1)(t) = (-y)^(-1/(alpha+1))
clear; clc;
% 样本数量
n = 1000;
% 线性相关系数
r = 0.7;
tau = copulastat('Gaussian', r, 'type', 'kendall');    % 高斯分布参数 rho 对应的 Kendall tao 相关系数
% 生成 [0, 1] 上的均匀分布
u = unifrnd(0, 1, n, 1);
t = unifrnd(0, 1, n, 1);
% w = phi'^(-1)(phi'(u)/t)
alpha = 2*tau/(1-tau);
w = u./(t.^(-1/(alpha+1)));
% v = phi^(-1)[phi(w)-phi(u)]
v = (1+w.^(-alpha)-u.^(-alpha)).^(-1/alpha);
% 生成边缘分布为标准正态的随机样本
Data = [norminv(u, 0, 1), norminv(v, 0, 1)];


% 散点图
% scatterhist(Data(:,1), Data(:,2))
plot(Data(:,1), Data(:,2), '*');
xlabel('x');
ylabel('y');


%-------------------------------------------------
% 基于 S 函数下的阿基米德 Copula 随机模拟
%-------------------------------------------------
```

```
% Gumbel Copula 随机模拟
% 联合分布函数：H (x, y) = exp { - [ exp ( -theta * x + -theta * x) ] ^ (1/theta) }
% Gumbel Copula：C (u, v) = exp { - [ ( -ln (u)) ^theta + ( -ln (v)) ^theta] ^ (1/theta) }
% 阿基米德生成元：phi (t) = ( -ln (t)) ^theta
% 阿基米德生成元的逆函数：phi^ ( -1) (t) = exp { -t^(1/theta) }
% 样本数量
n = 5000;
% 生成 (0, 1) 上的均匀分布随机数 u, s
u = unifrnd (0, 1, n, 1);
s = unifrnd (0, 1, n, 1);
% Copula 参数 θ
theta = 2;
phi_ u = ( -log (u)) .^theta;
C = exp ( - (phi_ u./s) .^(1/theta));
% v
phi_ C = ( -log (C)) .^theta;
v = exp ( - (phi_ C - phi_ u) .^(1/theta));
% x y
x = -log ( -log (u));
y = -log ( -log (v));
% 散点图
plot (x, y, '.')
```

附录 5 第 6 章应用极值理论和 Copula 模型估算 VaR

```
% 应用极值理论和Copula模型估算VaR
clear; clc;
% 读入数据
[Data, text] = xlsread ('上证 - 深成.xls');
returns = price2ret (Data);
% 样本长度
T = size (returns, 1);
% - - - - 自相关图
figure
[ACF, lags] = autocorr (returns (:, 1));
subplot (1, 2, 1)
autocorr (returns (:, 1));
subplot (1, 2, 2)
autocorr (returns (:, 1) .^2);
title ('Sample ACF of Returns')
% - - - - - - - - - - - - - - - - - - - - - - - - - - - - - - -
% 自相关性和异方差的处理
% - - - - - - - - - - - - - - - - - - - - - - - - - - - - - - -
% 预设garch模型的结构
spec1 = garchset ('Distribution', 'T', 'Display', 'off', …
'VarianceModel', 'GJR', 'P', 1, 'Q', 1, 'R', 1);
spec2 = garchset ('Distribution', 'T' , 'Display', 'off', …
'VarianceModel', 'GJR', 'P', 1, 'Q', 1, 'R', 1);
% 定义变量
```

```
residuals = NaN (T, 2);
sigmas = NaN (T, 2);
% 调用 garchfit 函数，拟合原数据
[spec1, errors, LLF, residuals (:, 1), sigmas (:, 1)] = garchfit (spec1, returns (:, 1));
[spec2, errors, LLF, residuals (:, 2), sigmas (:, 2)] = garchfit (spec2, returns (:, 2));

subplot (1, 2, 1)
autocorr (residuals (:, 1));
subplot (1, 2, 2)
autocorr (residuals (:, 1) .^2);
residuals = residuals./sigmas;

% 确定阈值：上极值
u = 0: 0.001: 0.1;
for i = 1: length (u)
ind = find (returns (:, 1) - u (i) > 0);
    eu1 (i) = sum (returns (ind, 1) - u (i))/length (ind);
ind = find (returns (:, 2) - u (i) > 0);
    eu2 (i) = sum (returns (ind, 1) - u (i))/length (ind);
end
figure
plot (u, eu1, 'r - *', u, eu2, 'b - o');
series = text (1, 2: 3);
legend (series, 'Location', 'NorthWest')
xlabel ('u')
ylabel ('e (u) ')
% ---------------------------------
```

```
% 确定阈值
% - - - - - - - - - - - - - - - - - - - - - - - - - - - - -
% 确定阈值：下极值
u = 0: 0.001: 0.1;
Loss = -returns;
for i = 1: length (u)
ind = find (Loss (:, 1) - u (i) > 0);
    Nu1 (i) = length (ind);
eu1 (i) = sum (Loss (ind, 1) - u (i)) /length (ind);
ind = find (Loss (:, 2) - u (i) > 0);
    Nu2 (i) = length (ind);
eu2 (i) = sum (Loss (ind, 1) - u (i)) /length (ind);
end
figure
plot (u, eu1, 'r - *', u, eu2, 'b - o');
series = text (1, 2: 3);
legend (series, 'Location', 'NorthWest')
xlabel ('u')
ylabel ('e (u) ')
% - - - - - - - - - - - - - - - - - - - - - - - - - - - - -
% 分段拟合单变量的样本残差序列
% - - - - - - - - - - - - - - - - - - - - - - - - - - - - -
% 上下尾部各 5% 视为极值部分，用 Pareto 分布拟合，
tailFraction = 0.05;
OBJ1 = paretotails (residuals (:, 1), tailFraction, 1 - tailFraction, 'kernel');
OBJ2 = paretotails (residuals (:, 2), tailFraction, 1 - tailFraction, 'kernel');
% P: 累积概率, Q: 与 P 对应的分位数；
```

```
[P, Q] = OBJ1.boundary;
%%% 上尾部分
% 将超出量排序
y = sort (residuals (residuals (:, 1) > Q (2), 1) - Q (2));
% 广义 Pareto 拟合分布和经验分布对比
figure
plot (y, (OBJ1.cdf (y + Q (2)) - P (2))/P (1))
% 经验累积分布
[F, x] = ecdf (y);                  % empirical CDF
hold ('on'); stairs (x, F, 'r'); grid ('on')
legend ('广义 Pareto 拟合分布', '经验分布', 'Location', 'SouthEast');
xlabel ('超出量'); ylabel ('累计概率');
title ('残差序列的上尾部分数据拟合')
%%% 下尾部分
figure
y = sort (residuals (residuals (:, 1) < Q (1), 1) - Q (1));
plot (y, (OBJ1.cdf (y + Q (1)))/P (1))
% 经验累积分布
[F, x] = ecdf (y);
hold ('on'); stairs (x, F, 'r'); grid ('on')
legend ('广义 Pareto 拟合分布', '经验分布', 'Location', 'SouthEast');
xlabel ('超出量'); ylabel ('累计概率');
title ('残差序列的下尾部分数据拟合')
%----------------------------------
% 用 Copula 拟合样本残差序列的联合分布
%----------------------------------
U = zeros (size (residuals));
% 得到边缘分布
U (:, 1) = OBJ1.cdf (residuals (:, 1));
U (:, 2) = OBJ2.cdf (residuals (:, 2));
```

```matlab
% Copula 拟合
% t - Copula
[R, DoF] = Copulafit ('t', U, 'Method', 'ApproximateML');
% Gumbel - Copula
[paramhat_Gumbel, paramci_g] = Copulafit ('Gumbel', U);
% Clayton - Copula
[paramhat_Clayton, paramci_c] = Copulafit ('Clayton', U);
% Gaussian - Copula
RHOHAT = Copulafit ('Gaussian', U);
% 检验 Copula 的拟合效果
% 定义经验 Copula 函数
Cemp = @ (u, v) mean ( (U (:, 1) < = u) .* (U (:, 2) < = v));
for i = 1: length (U (:, 1))
    Cuv = Cemp (U (i, 1), U (i, 2));
end
Ct = Copulacdf ('t', U, R, DoF);
Cgumbel = Copulacdf ('Gumbel', U, paramhat_Gumbel);
Cclayton = Copulacdf ('Clayton', U, paramhat_Clayton);
Cgaussian = Copulacdf ('Gaussian', U, RHOHAT);

% 计算与经验分布之间的误差
dt = sum ( (Ct - Cuv) .^2);
dgumbel = sum ( (Cgumbel - Cuv) .^2);
dclayton = sum ( (Cclayton - Cuv) .^2);
dgaussian = sum ( (Cgaussian - Cuv) .^2);
% t - Copula 图
[Udata, Vdata] = meshgrid (linspace (0, 1, 31));
cpdf_t = Copulapdf ('t', [Udata (:), Vdata (:)], R, DoF);
surf (Udata, Vdata, reshape (cpdf_t, size (Udata)));
xlabel ('u - 上证边缘分布'); ylabel ('v - 深成边缘分布');
```

```
zlabel ('t-Copula: C (u, v) ');
% 频数图
hist3 ( [U (:, 1), U (:, 2)], [30, 30]);
xlabel ('u-上证边缘分布'); ylabel ('v-深成边缘分布');
zlabel ('频数');
% ----------------------------------------
% 用 Copula 拟合样本残差序列的联合分布
% ----------------------------------------
s = RandStream.getDefaultStream ();
reset (s)
% 随机模拟次数
nTrials = 2000;
% VaR 的时间长度
horizon = 1;
Z = zeros (horizon, nTrials, 2);
% tCopula simulation
U = Copularnd ('t', R, DoF, horizon * nTrials);

Z (:,:, 1) = reshape (OBJ1.icdf (U (:, 1)), horizon, nTrials);
Z (:,:, 2) = reshape (OBJ2.icdf (U (:, 2)), horizon, nTrials);
preResidual = residuals (end,:) .* sigmas (end,:); % presample
model residuals
preSigma = sigmas (end,:);              % presample volatilities
preReturn = returns (end,:);            % presample returns
% garch 随机模拟
simulatedReturns = zeros (horizon, nTrials, 2);
[~, ~, simulatedReturns (:,:, 1)] = garchsim ( spec1, horizon,
nTrials, Z (:,:, 1), ...
         [], [], preResidual (1), preSigma (1), preReturn (1));
[~, ~, simulatedReturns (:,:, 2)] = garchsim ( spec1, horizon,
```

```
nTrials, Z (:,:, 2), ...
        [], [], preResidual (2), preSigma (2), preReturn (2));
simulatedReturns = permute (simulatedReturns, [1 3 2]);
cumulativeReturns = zeros (nTrials, 1);
% 等权分配
weights   = repmat (1/2, 2, 1);
for i = 1: nTrials
cumulativeReturns (i) = sum (log (1 + (exp (simulatedReturns (:,:, i)) - 1) * weights));
end
VaR = 100 * quantile (cumulativeReturns, [0.05 0.025 0.01] ')
```

附录 6 第 7 章已知 Kendall 相关系数计算 VaR 的界

```
% -------------------------------
% 已知两个指数的 Kendall 相关系数
% -------------------------------
% read the data
% 上证指数 - 深证成指：2002 - 1 - 4——2011 - 12 - 30
clear; clc;
[Data, text] = xlsread ('上证 - 深成 .xls');
[Row, Col] = size (Data);
shy1 = Data (2：Row,:) ./Data (1：Row - 1,:) - 1;
Loss = - shy1;
% Pareto 分布
tailFraction = 0.05;
OBJ1 = paretotails (Loss (:, 1), tailFraction, 1 - tailFraction, 'kernel');
OBJ2 = paretotails (Loss (:, 2), tailFraction, 1 - tailFraction, 'kernel');
% 置信度水平：alpha = 0.9；0.95；0.975；0.99
alpha = 0.9;
% Kendall 相关系数
t = 0.771;
% u 的精度
N = 1000;
r = alpha * N;
```

% VaR 的上界：A = inf (f^-1 (u), f^-1 (v)) {C0 (u, v) = alpha}
% 遍历所有 T_ (u, v) = alpha 的点：T_ (m/N, vx) = alpha, 用数值搜索的方法求 vx

i = 0;
for m = r + 1: N
    i = i + 1;
% u = m/N 时的分位数
X1up (i, 1) = OBJ1.icdf (m/N);   % X1 = F^(-1) (m/N)
% -
% Copula 下界 T_ 的逆，即已知 u = m/N, 求 v = ? 使得 T_ (u, v) = alpha
% -
% v 的精度
    BuChang = 0.001;
vi = alpha: BuChang: 1;
for j = 1: length (vi)
        Tw (j) = max (m/N + vi (j) - 1, 0);
        Tuv (j) = max (Tw (j), 0.5 * (m/N + vi (j) - sqrt ((m/N - vi (j)) ^2 + 1 - t)));
end
ind = find (Tuv > alpha, 1, 'first');
    vx = vi (ind);
% v = vx 时的分位数
X2up (i, 1) = OBJ2.icdf (vx);   % X2 = F^(-1) (vx)
% 两个指数等权重分配资金
Up (i, 1) = (X1up (i, 1) + X2up (i, 1))/2;
end
% VaR 的下界：B = sup (f^-1 (u), f^-1 (v)) {Cd (u, v) = alpha}
% 遍历所有 T_ d (u, v) = alpha 的点：
i = 0;

```
    for m = 0: r
        i = i + 1;
    X1do (i, 1) = OBJ1.icdf (m/N);    % X1 = F^( -1) (n/M)
    % vx = CdInv (m/N, alpha, t);
    %------------------------------------------------
    % Copula 下界 T_ 的对偶函数的逆,即已知 u = m/N,求 v =? 使得 T_ d (u,
v) = alpha
    %------------------------------------------------
    % v 的精度
        BuChang = 0.001;
    vi = 0: BuChang: 1;
    for j = 1: length (vi)
            Tw (j) = max (m/N + vi (j) - 1, 0);
            Tuv (j) = max (Tw (j), 0.5 * (m/N + vi (j) - sqrt ((m/
N - vi (j)) ^2 + 1 - t)));
            Tuvd (j) = m/N + vi (j) - Tuv (j);
    end
    ind = find (Tuvd > alpha, 1, 'first');
        vx = vi (ind - 1);
    X2do (i, 1) = OBJ2.icdf (vx); % X2 = F^( -1) (vx)
    % 两个指数等权重分配资金
    Down (i, 1) = X1do (i, 1) + X2do (i, 1);
    end
    % VaR 上界
    A = min (Up);
    % VaR 下界
    B = max (Down);
```

附录7 第7章多元风险正象限相依时的VaR界

```
% ------------------------------------
% 已知三个指数是正象限相依
% ------------------------------------
% C > Pai
% read the data
% 上证指数-深证成指-中小板指数：2006-1-24——2011-12-30
clear; clc;
[Data, text] = xlsread ('上证-深成-中小板.xls');
[Row, Col] = size (Data);
for i = 1: Row
     str = text (i+1, 1);
dates (i, 1) = datenum (cell2mat (str));
end
%% ----指数收盘价图
figure
plot (dates, ret2price (price2ret (Data)) -1)
datetick ('x')
xlabel ('日期')
ylabel ('累计收益率')
title ('累计收益率')
series = text (1, 2: 4);
legend (series, 'Location', 'NorthWest')
% 将收盘价转换成收益率
shyl = Data (2: Row,:) ./Data (1: Row-1,:) -1;
```

```
Loss = -shy1;
% Pareto 分布
tailFraction = 0.05;
OBJ1 = paretotails (Loss (:, 1), tailFraction, 1 - tailFraction, 'kernel');
OBJ2 = paretotails (Loss (:, 2), tailFraction, 1 - tailFraction, 'kernel');
OBJ3 = paretotails (Loss (:, 3), tailFraction, 1 - tailFraction, 'kernel');
alpha = 0.9;
% u 的精度
N = 1000;
r = alpha * N;

% VaR 的上界: A = inf (f^-1 (u), f^-1 (v)), s.t. {C0 (u, v) = alpha}
% 遍历所有 u1 * u2 * v = alpha 的点: m1/N * m2/N * vx = alpha, 所以, vx = alpha/(m1/N * m2/N)
i = 0;
for m1 = r + 1: N
for m2 = r + 1: N
    i = i + 1;
    X1up (i, 1) = OBJ1.icdf (m1/N);   % X1 = F^(-1) (m/N)
    X2up (i, 1) = OBJ2.icdf (m2/N);
    % 给定置信度水平 alpha = r/N, 和 Copula 的前两个变量 u1 = m1/N, u2 = m2/N, 求 vx?
    vx = r * N/(m1 * m2);
    if vx > 1
    Up (i, 1) = 1;
```

```
        else
        X3up (i, 1) = OBJ3.icdf (vx);    % X2 = F^ ( -1) (vx)
    % 3 个指数等权重分配资金
                Up (i, 1) = (X1up (i, 1) + X2up (i, 1) + X3up (i, 1))/3;
        end
        end
        end
    % VaR 的下界: B = sup (f^-1 (u), f^-1 (v)), s.t. {Cd (u, v) = alpha}
    % 遍历所有 Cd (u, v) = alpha 的点: 1 - (1 - u1) * (1 - u2) * (1 - vx), = = >vx = 1 - (1 - alpha)/( (1 - m1/N) * (1 - m2/N));
        i = 0;
        for m1 = 1: 5: r
        for m2 = 1: 5: r
                i = i + 1;
        X1do (i, 1) = OBJ1.icdf (m1/N);    % X1 = F^ ( -1) (n/M)
        X2do (i, 1) = OBJ2.icdf (m2/N);
    % 给定置信度水平 alpha = r/N, 和对偶 Copula 的 Copula 的前两个变量 u1 = m1/N, u2 = m2/N, 求 vx?
        vx = 1 - (1 - r/N)/( (1 - m1/N) * (1 - m2/N));
        if vx > 1
        Down (i, 1) = -1;
        else
        X3do (i, 1) = OBJ3.icdf (vx); % X2 = F^ ( -1) (vx)
    % 3 个指数等权重分配资金
                Down (i, 1) = (X1do (i, 1) + X2do (i, 1) + X3do (i, 1))/3;
        end
```

```
end
end
% VaR 上界
A = min (Up);
% VaR 下界
B = max (Down);
```